BUT!

人生最厉害就是这个BUT!

九把刀 著
GIDDENS

3 「九把刀」参见，BLOG战斗文学

中国華僑出版社

图书在版编目（C I P）数据

BUT！人生最厉害的就是这个 BUT! / 九把刀著 . --北京：中国华侨出版社，2013.3
ISBN 978-7-5113-3360-5

Ⅰ.①B… Ⅱ.①九… Ⅲ.①随笔 - 作品集 - 中国 - 当代 Ⅳ.① I267.1

中国版本图书馆 CIP 数据核字 (2013) 第 048468 号

BUT! 人生最厉害的就是这个 BUT!

著　　者：九把刀
出 版 人：方　鸣
责任编辑：付改兰
封面设计：聂永真 @ 永真急制
经　　销：新华书店
印　　刷：廊坊市兰新雅彩印有限公司
开　　本：880 毫米 ×1230 毫米　1/32　印张：9　字数：150 千字
版　　次：2013 年 4 月第一版　2013 年 4 月第一次印刷
书　　号：ISBN 978-7-5113-3360-5
定　　价：35.00 元

中国华侨出版社 北京市朝阳区静安里 26 号通城大厦三层 邮编：100028
法律顾问：陈鹰律师事务所
发行部：（010）82069015
网站：www.ovesschin.com
E-mail:ovesschin@sina.com

序

给 17 岁自己的一封信——多亏无聊的大人，我们才能成为有趣的小孩

17 岁的你，正在做很多徒劳无功的事吧？

那时女孩跟你说，人生本来就有很多徒劳无功的事，的确如此。

为了教她数学，17 岁的你可强了，每次月考前参考书上每一道数学题都反复算 11 次，算到看一眼就知道该怎么解。你觉得自己很神，更佩服自己怎么可以将努力用功读书这么无聊的事搞得那么热血。

唉，笨蛋。

15 年后，你会忘了怎么算 log，但一样活得很好。三角函数差不多也忘光了，你也没有不对劲，每天一样起床先尿尿再刷牙。虽然你还算记得排列组合的逻辑，但你已忘了怎么列分母和分子。因式分解这种初中程度的东西，你只会提出单纯的数字。好吧，值得安慰的是，你好像还记得怎么开根号，但你用的是最智障的十分逼近法！

那些大人都没有跟你说，其实大部分的人一辈子只靠“加减乘除”就能活得安安稳稳，不会有任何问题。有时如果你不计较店员找错钱给你的话，减法烂一点也没关系。

我想你也知道，大人总是为了你好，而刻意忽略很多他们早已领略到的现实。也或许他们很期待你可以成为多年后数学还很强的那人群中的千分之一，成为了不起的科学家或工程师，只是你资质不够。怪你自己。

不过，我是要告诉你，用不到的东西是不是就不用学了呢？

不，以后用不到的东西，你还会被迫学很多，逃也逃不了。别逃了，接受吧。

认真想一想，人生这么长，如果我们只学用得到的东西，就同只跟以后和自己步入礼堂的老婆谈恋爱一样无聊。呵呵，其实你早就懂了，好多有趣的事都没什么用。

比如看漫画，其实也没什么用，17岁的你再怎么爱看《灌篮高手》，篮球一样打得很烂。《七龙珠》你终于搜集了一套，连基本的龟派气功都轰不出来。现在32岁的我很迷《海贼王》，但也没什么用，我出海光晕船就吐翻天了！（你知道你以后会长得像黄猿①吗？记住永远不要承认！）

人生本来就充满了乱七八糟的杂质。有的杂质跟大便一样，有的杂质闪闪发光，你如果只要闪闪发光的部分，就永远不会了解吃到大便的滋味有多么度烂。②

徒劳无功的事很多，但比起无法完成的梦想，徒劳无功只算是人生

①黄猿：《海贼王》中的人物，是海军本部中目前唯一的一名大将。很喜欢说"好奇怪啊""好可怕啊"，而且常常迷路。

②度烂：闽南语，形容一种非常令人讨厌的行为，难以用言语来描述。

的小感冒。

你会有一个梦想或一些梦想。

来谈谈你从小学三年级开始就想成为漫画家这个大梦想吧。

虽然17岁的你已经觉悟到自己的确没有当漫画家的才能（千真万确！），但当你放弃这个梦想的时候却很痛苦。偶尔上课时在抽屉里偷看《少年快报》，你还是会忍不住想——有没有一点点的可能，有没有一点点点点的可能，如果考上大学之后花更多的时间……

答案是没可能（斩钉截铁）！

除了漫画家，人生中无法实现的梦想还有很多很多，你得学会放弃。

我知道你现在很丧气，但多年以后你会慢慢感到骄傲，在你放弃往职业漫画家的路上迈进之前，你确实作了好多年的努力，你会晓得你不欠10岁的自己什么。

有时候放弃梦想也是一种勇敢，如此我们才能保有力气夺取下一个梦想。

我们一直没有改变过的梦想，是爱情。

17岁的你觉得人生一片美好，因为你遇见了很努力、用功读书的她。你会坚定地觉得你正在喜欢的她在多年后一定会是你的老婆。你知我知，独眼龙也知。

我不会告诉你答案。

并非因为我们都很喜欢猜谜，而是，干我告诉你也没用，不是吗？

你就是不信邪啊，你就是脸皮厚啊，你就是一厢情愿地认为只要努力就可以战胜命运啊，不是吗？

你就是认为一次追不到、两次追不到，十次总可以追到吧！

笨蛋。

你就是这种大笨蛋才会一直吃大便。

哈哈。

对了，你永远也不会喜欢“我从中学到了什么样的课题”这样的励志句型，你永远都觉得小故事大道理的模式很恶心。

这样很好啊！我们直接享受它，不见得一定要学到什么，因为我们很幼稚。

Yes，这些日子以来，你会深深地体悟到人生中对你而言最重要的一件事，就是所谓的幼稚。恭喜你，你会一直幼稚下去。

爱看漫画，爱看电影，爱抱狗上床睡觉，爱乱讲话，爱作弄朋友，这些东西 15 年后你还是一直继续下去，希望你不要觉得我不长进。不过我比你有钱多了，哈哈，你租漫画，我用买的。你看二轮电影，我都直接冲首轮，家里还有一大柜子的 DVD。你爱的狗死了，我帮你葬了，我们都很想它。对了，后来我养了一只拉布拉多，是女生，肚子肥肥的，很爱掉毛，所以我每三天要拖一次地，它很爱撒娇，一样没有你不行。

很多女孩不喜欢你的不成熟，她们觉得你该慢慢长大。

原则上你也同意长大，但你心中的长大，可不是要变成那些所谓的大人。别管那些大人怎么向你谆谆教诲，给你告诫，帮你上课……瞧瞧他们，他们就是无聊世界的最佳典范，即便你要长大也不要被制约进那种格格不入的异次元世界。

虽然你不喜欢那些大人的世界，却也不必与之为敌，先别说有掌握权力的大人总有办法给你苦头吃的那部分，其实，多亏那些无聊的大人，你才可以变成有趣的小孩，永远别忘了这点，嘻嘻。

放心，你会遇到一个很喜欢你幼稚的女孩。

不过光靠耐心等待是没用的，什么缘分、什么命运都是虚无缥缈的屁。还是一样，你得靠自己每时每刻睁大眼睛才能把她找出来，值得的。

跟所有人一样，17 岁的你很想成功。但其实你不大知道成功以后要做什么，甚至不大明白成功是什么意思，有很长一阵子你错以为考上好大学就是成功的开始……唉，人生岂有这么快决胜负的道理?

你这么蠢，当然会失败。

事实上你会遭遇很多很多失败，你会挨拳头，有时你会被揍得睁不开眼。然而失败是可爱的，成功则惹人嫉妒。

所以别太介意自己失败的狼狈模样，大家都会因为你很努力而安慰你、包容你，希望你下一次成功。大家都很真心，因为你实在是败得很惨、很好笑。但所谓的成功反而不如失败，伴随着成功而来的东西叫讽刺、叫挖苦，他们会认为你既然成功了，所以必定丧失理想。哦哦，你问我怎么办？我不知道！多年之后你仍旧没学会怎么面对别人的冷嘲热讽，也许我们都需要另一个“更遥远的我自己”用时光机写信教教我们。

噢不！算了吧！

其实我们都很讨厌被说教，该怎么学会就怎么学会吧，学不会就学不会吧！

最后，你一定很想问我，现在的我在做什么？

是不是实现了梦想，或是还在做梦？

很会说故事的你，当然知道时光因果的蝴蝶效应，所以我只能偷偷地提醒你，32 岁的夏天是我们人生中最大的一场战斗开始，在无限的炙热之前，我所拥有的一切力量竟是源自 17 岁的你。

我得向你说一声谢谢，你得回我一个拥抱。

……拐了一大弯，我们都回到了故事开始的地方。

Action！

目录

2009 年

我妈妈的真面目
其实是小说对白之神

2009.01.27

看过《这些年，二哥哥很想你》的人应该知道，我妈妈的真面目其实是小说对白之神。

由于我家门口柜台上摆了一排我写的书，常常有客人会觉得奇怪，问药局怎么会摆书，要怎么卖。

刚刚我妈妈跟我说，虽然是过年，今天我们家药局还是有短暂开店做生意。有一对情侣来我们家买东西（买什么忘了，应该不是色色的东西），女生看到药局竟然有我的书，很兴奋，一直说："天啊，我好喜欢九把刀哦！真的好喜欢哦！"

然后还一直拉着旁边的男友说："不信你问他，是不是！我是不是很喜欢他！"

我妈就笑着说："我也很喜欢九把刀啊，这个世界上我最喜欢他了。"

那女生一时弄不明白，狐疑地问："你怎么会是最喜欢他的人啊？"

我妈就笑笑说："因为我太喜欢他了，只好把他生下来啊。"

天啊！

是不是很厉害的小说对白啊！

我哥的大儿子 Umi，大家的宝贝。

关于用自己的照片当作封面

2009.01.28

我是一个非常了解自己的人，原因在于我穷极无聊地研究我自己。

为什么喜欢研究自己?

到了我这个人生阶段，对于我的这个职业，诸如因式分解、指数对数、三角函数跟矩阵那种什么鬼的东西，都已经趋近零价值（少骗人了，真的没什么价值！），但那些超不能保值的东西在当年为了应付考试都不得不研究了，“自己”如此保值的东西——当然值得一再研究。

刘德华在电影《大块头有大智慧》中说：“万般带不走，唯有业随身。”

这一句话我不仅会背，靠还常常应验它！

那么，现在我就要开始一段我在公开演讲里偶尔会提到的“业障”。

话说在很久以前，在我的小说实体书只有鬼要买的时候，有一次我在BBS网络上发牢骚说，我真不理解为什么某些男作家又没有很帅，怎么敢把自己印在书的封面上？某些女作家远远没有女明星那么正，哪来的胆子把自己的照片当作书的封面？甚至还会印明信片、印海报送读者之类的。

记得当时很多乡民都跟着附和……因为乡民最喜欢附和这种落井下石了。

总之，要我用自己的照片下去做封面，简直就是——地球爆炸也不可能发生！

多年过去。

就在前年——2007 年的时候，约 10 月，出版社正在筹备将我的硕士论文出版成书，我忙着将论文改写得更容易读些，而出版社忙着制作封面与确认特殊排版（论文真难处理），也就是《依然九把刀》。

那个时候我还在二水乡公所服“替代役”，上班不敢写小说，不过写写博客、收收私信还可以。某天我打开信箱，赫然发现出版社寄了两张《依然九把刀》的新书封面给我选。

说到实体书的封面制作，还真是现实世界的缩影。这个有阶段性的哦，我的经验不妨参考参考。以前我的书卖得很烂，有的出版社会直接寄他们已经制作好的封面给我，告诉我封面就长这个样子，我要改，那可是不能改，只能算是礼貌地告知我一声。

也有那种我一直寄信去问我的新书封面到底长什么样子，问了好久对方才勉强寄给我看，但那个时候也来不及修改了，就算来得及，对方花了钱做好了封面，也不会因为我不爽就换。

非常重要的封面文案、封底文案也是。出版社根本也不会问我想放什么文字上去，想摘录哪一段内文，自己写就写了，我也没意识到那些东西其实我可以自己来做——拜托！我比任何人都了解我自己的故事在讲什么啊！

而且再怎么说，我认真写起文案，可是连自己都会害怕啊！

后来我的书在市场上卖得逐渐有了起色（谢谢你们啦，这就是义气啊！），我终于有胆子关心我的书该长什么样子的好，开始跟出版社说我绝对不想要什么样子的设计、想要什么样的感觉。

我一直都是很有想法的人，什么样子的封面会让一本书畅销，干我怎么知道，不过好歹我知道自己喜欢的书到底长什么样子吧？！

在这个阶段，我会自己观察中意的插画家，推荐给出版社。

例如画第一版本《猎命师传奇》的翁子扬（请参考《猎命师传奇13》的序），例如画《少林寺第八铜人》跟新版《打喷嚏》的 Blaze（记得我是看到奇幻基地办的奇幻插画奖得奖作品，Blaze 不是首奖，是佳作，可是我却被致命地吸引住，立刻写信给两家出版社请他们去洽谈，呵呵呵呵，相中 Blaze 是我的超级大收获）。

有的插画家是奇妙的偶遇，例如当我的《那些年，我们一起追的女孩》在 HERE 杂志定期连载时，杂志请恩佐帮忙画插画，我一看，真是太有感觉了，于是在实体书制作时便拜托出版社无论如何请恩佐出马。

我也会将我心目中的封面样式跟风格，告诉出版社，请他们想办法完成。

这个“我大量介入”的阶段，许多老读者应该都知道，也都经历过——我大刀阔斧地改版了许多旧书的封面。当时，有些读者会觉得改版是骗钱用的，但我一意孤行，即使一时被干剿，我也要我所有的书看起来风格都很整齐，不管是书的统一高度、封面底色、内文排版……

事后证明我是对的。干是不是收集得很漂亮？！

目前只剩下两本书应该改版却还没改版，慢慢再说，不急。

到了后来，出版社与我之间的合作上了轨道，彼此都熟悉了对方的想法，不，其实也不是熟悉，是信任。

逐渐形成了我每次都会超级期待的“封面制作王道”。

这个王道以后再跟大家分享，不会私藏，因为他们都是很厉害的猛人！

由于已经是王道流程了，虽然很期待，可缺点就是非常安心。真的，我完全就不担心，为此我专心写我的故事、写我的封面文案、摘录我的封底文案就对了，不必再花脑袋在思考封面设计上。

事情就这么发生了。

那天下午在乡公所我收到从盖亚出版社寄给我的两张《依然九把刀》的封面……

我大吃一惊，因为第一张的我看起来超白痴的！那是我在服“替代役”专训的时候，同梯许大炮随手帮我拍的。那时候我没留胡子，英气锐减，又刚刚从“人间炼狱”成功岭出狱，整个人已经明显笨掉了，笑起来乍看很阳光灿烂，其实跟白烂[①]只有一线之隔。

比较起来第二张就正常多了！

那是在服役前拍的，有小胡子，整个人充满了自信，相信人生就是不停的战斗，相信对付鼠辈最好的招式就是给他一记迎头痛击。妈的总之完全就是我自己啦！

来信中，出版社请我决定要用哪一款封面，要快点，因为出版日期已经定了，座谈会日期也定了，不能再拖。我超怕出版社会给我用到第一张封面，于是我火速打电话告诉编辑育如，请她务必选第二张照片！拜托，拜托！

第一张，长得像这样……

第二张，长得像这样……

①白烂：来自闽南语“白卵”，意指一个人既笨又啰唆，还很麻烦，含贬义。

几天后，书进印刷厂了。

有天我跟女孩约会，突然想起这件事。

我笑问："我新书封面出来了，你要不要先看？"

女孩很兴奋："要看，要看！"

于是我打开计算机，打开图文件，神秘兮兮地问："编辑让我从这两张中选一张，你猜猜看我选的是哪一张？"

女孩愣了一下，呆呆地看着我。

"猜啊！"

"把比……你终于做出把自己照片当成封面这种事哦。"

那一瞬间，我好像尿尿在漏电的电线杆上，直接从输尿管那里逆向麻了起来。

我发誓！

如果出版社在当时给我的两张封面，只要其中一张不是我的大头照，干我一定是选那一张的啦！毫无迟疑！

比起早期的直接寄成书给我看，现在出版社已非常尊重我给我二选一，可两张封面草图都是我自己的头，我真的没有意识到即将发生什么事，只是非常惶恐不想被用到很白痴的那一张图。

于是我就干净利落地掉进了自己的业障。

人真的啊，嘴巴不要太贱啊！

好了，从今以后我就知道了一件事，就是因果报应的轮回系统来得很快。

如果事情只停留在超高速的轮回系统，那么我要自我告诫：“凡事不要说得太死，免得自己踩自己的脚。”那，这篇博客就没什么好写的。

回想当年书卖得很烂的我，在说那些不帅又不漂亮的知名作家将自己照片放在书封面上是一件恶烂的事，其实，我的心态是有点酸葡萄的。只能说，这种酸葡萄的心态在我身上非常罕见，通常只要我意识到我是这种心态时，就会瞬间刹车，并鄙视自己干吗这样啊。其实有很多不是作家，甚至一点也不知名的人，干他就是爱把自己照片做成书皮，我可没想过要酸他们。

说到底，还是有股不是滋味。

这股不是滋味的滋味，我写过一篇自己挺喜欢的文章——《不是滋味的滋味》[①]。这股气味，最近两年我在身边嗅到很多。随便举例一个，就拍广告这件事好了。实际上我只拍过两个广告（各自只花了区区两天），推掉的产品代言跟撰写博客商业推荐文——不计其数，也从没上过“任何”一个综艺节目去搞笑、去玩游戏、去集体爆料。

BUT！

人生最度烂的就这个 BUT！

BUT 就是有其他作家会拐弯抹角鸡巴我“太过商业化”跟“整天拍

①《不是滋味的滋味》：收录在《慢慢来，比较快》一书中。亦可参见 http://www.wretch.cc/blog/Giddens/5641546。

广告”，或更歪一点的说他不拍广告是因为拍广告会失去自我，或这不是一个纯创作者所为。

靠腰（啰唆）啦，最好事情有那么险恶啦！

我自己不在博客上写跟厂商收钱的商品推荐文，干我鸡巴过别的这么做的网络作家没有？

没啊，我写了一篇文《虽然觉得有些事不必解释，但不写出来也真讲不明白》[①]，我真是啰唆啊，还自己引用自己。

每个人的生存之道不一样。

有时候你不是不想做某些事，只是欠缺了机会。

还记得有个读者在我的博客上留言批评我，批评我怎么会去拍广告，已经不是他心目中的作家。我可不是得道的仙人，直接回他：“那王建民呢？你会因为他拍了一大堆广告，就觉得他不是一个好运动员了吗？”记得那位网友再次留言回我时，承认他被我说服了。

其实我没有要说服谁，只是我习惯性地不想被误解。

很多事情只是一个人看不顺眼另一个人。

我导演电影，一定也会有作家觉得我捞过界，殊不知电影是我从小到大的梦。

拉！

---

①《虽然觉得有些事不必解释，但不写出来也真讲不明白》：收录在《不是尽力，是一定要做到》一书中，亦可参见http://www.wretch.cc/blog/Giddens/7165257。

拉回正题!

我最近出版了三本新书，三本新书都挑在差不多的时间出版，乱七八糟统统打在一起，变成三个九把刀在互相殴打。

出版社大概会紧张吧，不过老实说我觉得只要书的内容好，就不用看短期成绩，绝对都是非常长销的书种吧？！

《这些年，二哥哥很想你》是我写了超过一年的作品，我用生命去写的，不好看我也没办法了，大概只能说这就是我过去生命的极限。

“人生就是不停的战斗”跟“不是尽力，是一定要做到”是我最热血的两句自勉，将这两句话变成书名，直接就是最大的意义，代表我对这两本书的重视程度。

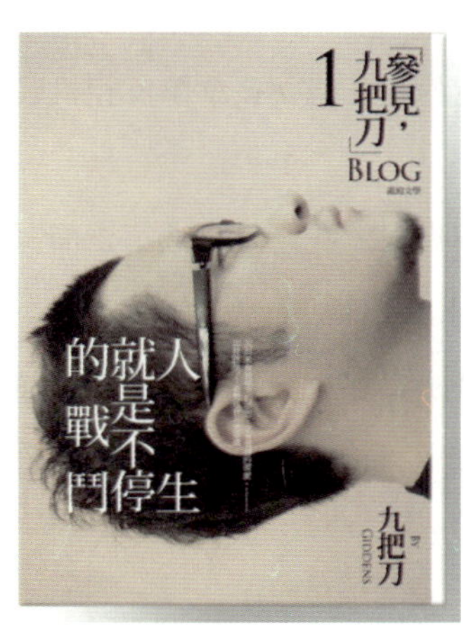

这两本书，都是这几年我的博客文集结的大军。

我挑选有趣的、很瞎的、超战斗的、极度热血的、好甜蜜的文章，收录了很多很多很多的照片，让它们异常扎实地成书，由于字数爆多，只好一口气出两本。

在设计封面的时候，太幸运了，设计大师聂永真愿意出手接这个案子。

我又要离题了，这件事真的很扯（在演讲中也偶尔会提到）。

有一阵子我出现“我好像很红”的幻觉，时不时会不自觉地发出科科科[①]的笑声，可是当我发现，即使强者如我，也无法插队进一向合作愉快的聂永真接案的时候，才赫然发现，原来真正炙手可热的不是我，干是聂永真！

总之聂永真超可以信赖的，我对他一直有股奇妙的感觉，老是用沾沾自喜的口吻在描述他愿意接我封面这类的事。

你若说我有品牌迷思，我会说是，毕竟一个专家很努力地创造出自己的品牌价值，相信他的品牌价值不就是再正常不过的事吗？

聂永真要我的高像素照片做封面，我二话不说，就再度让报应上身。这一次可是无怨无悔。

聂永真要我侧面跟正面各拍一张，不过我只是在跨年的家族旅行途中，在民宿找了个干净的墙壁（还是粉红色的），请女孩拿单反相机朝我照了几张。

我看了看，觉得全部拍得很烂，但时间有限，我还是先选了正面、侧面各一张寄给出版社，请出版社转交给聂永真处理。

我的心中打定主意，反正照片很烂，聂永真那边一定过不了关，届时我就请出版社找个简单的个人摄影工作室帮我拍一下算了，我还兴致勃勃地去剪了头发。

不料，聂永真回报，那两张照片可以用，没问题！

我傻眼了，不过还是选择相信聂永真的威能。

最后，那两张拍得很烂的照片，突变成你们看到的书的封面。

---

①科科科：台湾一种网络式笑声。

啊啊啊啊啊啊啊啊啊我觉得还不错耶！

虽然很害羞＞///＜

（＞///＜这种猥亵的害羞图释，我一年只能用九次！）

《这些年，二哥哥很想你》前几天不断提了又提，现在就不多讲了。

——把焦点集中在这两本超战斗的博客书上。

从小我就对书架上的励志书很反感，我觉得不切实际的空话很多。也许那些空话听起来都很有道理，做起来效果也不错，但就连写励志书的作家都经常性地没办法贯彻他们说过的话，让我觉得励志书真的是超畸形的产物，动不动就讲心灵成长、讲态度、讲方法的文章都很假。动辄用“我有个朋友”开头的说教文他妈的都是假货。太多作家都很喜欢说：“我有个朋友……”要不就是他自己就是他朋友，要不就是他根本没有那个朋友。

如果作家说：“我有个朋友，昨天晚上割包皮不小心太用力，就整条剪断了。”他的意思其实是，他根本没有这么一个倒霉的朋友，或者就是他自己在昨天晚上失去了一条鸡鸡。

于是这两本书，对我有两个意义。

意义之一，这些都是我重要的人生记录，其中也有很多大家的参与。

书中有很多跟读者的合照，有的是在演讲过后的合照，有的是签书会上的合照，希望你们在很惊吓地发现自己变成书的一部分时，可以兴奋地大叫几声。

内文除了一大堆极限的热血战斗文外，也收录所有发表过的、未发表过的，关于女孩跟我之间相处的点点滴滴。

我知道很多读者最期待收录很甜蜜的这个部分。

而女孩更期待，我也很高兴她的期待。

意义之二，挑战那些励志书。

我不想也没资格教育任何人，我直接做。

这就是每一个人都可以做到的“我流”——人可以很不完美，可以犯错，可以愤怒大吼大叫，可以流泪，可以被很不正经的事情给感动，可以每天……都过得很色。

只要善良，只要光明磊落，就有足够的能量朝着对的方向走。

我是个绝对怀疑论者，也是个热爱道听途说的乡民。

可我笃信平凡无奇的两句话，将这两句话带到所有人的心里是我的战斗：

人是互相影响的。

人生中发生的每一件事，都有它的意义。

优良的刀书惯例，我为两本新书各写了超过五千字的自序，延宕了《杀手》进度。

《人生就是不停的战斗》跟《不是尽力，是一定要做到》这两本都是384页（台湾版本），超过我过去每一本书的厚度，虽然还无法在危急时刻挡子弹，但两本叠起来应该真的可以当防弹衣了。

希望成为很热血的班书——一种在各位抽屉底下不断冒险，也坚持要传来传去的那种班书啊！

很啰唆的 P.S.：

话说回来，我还是觉得我经纪公司帮我拍的一系列宣传照实在很恶心，只有一张超有气势的照片让我很满意啊，其余都是娘炮。

晓茹姐你如果看到这篇博客的话，也不用帮我安排新的拍照了，干因为我变胖了，过年我又狂吃、乱打麻将兼完全没运动。我继续当娘炮好了。

最后认真说，每次只要读者拿《依然九把刀》给我签名，我大概就知道，这个读者拥有我所有的书（以现在的话来说，就是五十本统统收藏）吧！毕竟《依然九把刀》虽然笃定是史上最好看的论文，却是我所有书里最硬派的啦！

这是我今天在日本做的，唯一一件事！

2009.02.09

毫无疑问！

秋叶原果然是阿宅的天堂啊！！！

我不打算在未来任何时间转卖任何公仔，所以我已经拆扁八成的公仔盒子，好挪出行李箱空间啊……

我才到日本第二天，接下来要克制一点了！

以上的公仔，都没有什么稀奇的珍品啦，都是我很喜欢就买下来的。说到要收藏珍品，其实家里没空间，买回去就是生灰尘很可惜，以后吧！以后我要一网打尽凯兹那一套！

《七龙珠》+《海贼王》的稀奇古怪 BL 版本的公仔，我超爱的，不过我还没拆，完整包装好像反而蛮好放的，一周后带回台湾拆给你们看吧，不晓得台湾有了吗……（日本出了两系列，不过我只买了比较喜欢的“上”，“下”没买）

大家猜一猜哪一个公仔算是“我觉得”最让我惊喜的呢?

能够到动漫帝国日本去玩，实在是太好了，住在誉真大神家实在很棒啊！

现在这些公仔，通通都是我书柜上的收藏啦！

今天在浅草寺抽到了……最强的“九十九”大吉签啊！

2009.02.11

继“随地乱躺”跟“整头浸水”之后，我又研发出最强的旅行招式啦！

那就是——无所不在的“朋友”啊！

要彻底忽略路人的鄙视，基本需要20年严格的耻力训练，不过最猛的还是，组合型招式！

也就是“随地乱躺”加“朋友乐园”啊！

今天很有意义的是，去了台场水之城。

水之城是哪里？

是小说《异梦》最热血的场景。

是赤川与金田一对决的经典画面。

这里就是当年赤川殒命的所在地……来自小说官方最高权力的确认。

再见了英雄。

这样算是丢台湾人的脸，还是为台湾争光，我已经搞不清楚了哈哈。

4F，电梯的门打开。狮子与兔子，热泪与子弹。

不过今天最高兴的还是，在浅草寺抽到了象征我最佳数字的九十九签，真的是太爽啦！

这签真的是太强、太猛了，怎么解怎么厉害啊！

一定是来自台湾的大家非常支持我的美少女高校短裙大企划，所发出的强气啊！！！

台湾水之城，是《异梦》最热血的场景。

我好爱《20世纪少年》哦！
让我们一起夺回这个标志！

在浅草寺抽到了象征我最佳数字的九十九签，真的是太爽啦！

在电车上这么干，需要不小的勇气啊！
电车上的阿公阿婆都很震惊地拍照……

下次去秋叶原，我要买铁金刚和木兰号！（暂时还没研究清楚型号。总之以我小时候的记忆为先啦！）

《爱到底》今天起台湾上映

2009.03.06

一定会再拍下去。

3 月 3 日在大直美丽华的《爱到底》媒体首映，落幕了，一切却才正要开始。

《爱到底》我自己已经看了三场，包括在香港的媒体首映、台湾的工作人员内部特映、大直美丽华的烟火首映，后天，还有一场柴姐包厅在京华城、放给自家人高兴的自爽映（所以 30 位临演大军们，我们 3 月 7 日见啦！不过我那天可能没时间签书，建议随身带一本碰碰看）。

三场看下来，感受着大家的现场反应，听了很多讨论，网络上也有一些评论出来，眼看明天就要台湾公开上映了，心中有点热热的，很踏实，也很高兴。

与其说是对自己有自信，其实，我是对大家一起努力出来的成果相当有自信。

真的，《三声有幸》受了很多很多的帮助，承受了很多的力量，所以真的希望可以有很多观众进到电影院，看看我的、我们的作品。

宣传也是很重要的环节。

也因为这份自信与感动，还有很多的谢谢想跟很多人说，于是我仗着我不断回忆而茁壮的记忆力，写了一本书《三声有幸，电影创作书》，记录自己第一次拍电影的所有过程。

这一部《爱到底》，网络上有很多讨论，很多人期待，也有很多人不看好。

期待的原因就不用多说了，谢谢你们。

不看好，冷嘲热讽的也很多，最大的理由莫过于：

——你又不是导演，怎么会当导演？

细一点来骂，就是说，你又不是从拍戏现场的一个小场务，慢慢升到副导演，慢慢升到编剧，按部就班先执导低成本的学生作品，为什么可以莫名其妙地从一个大外行，变成一个商业电影的导演？凭什么？

（P.S.：其实我也当过编剧，问题是我不会整天挂在嘴边跟你说啊。）

是啊，凭什么？

别人不讨论，但我……

凭着我有两个好朋友。

所谓的跨界创作，永远都存在着两个问题。

第一个问题很简单，就是，如果你拍得很烂，大家就会鼓掌说果然如此，表情还会十分欣慰。

第二个问题反而很吊诡……万一你拍出来的片子很好看，别人会以哈哈好爽，希望 Jay 有一天能导演我的小说！

一副“其实这件事你有所不知”的语气，说其实某某某只是挂名，片子实际上是别人导的。

比如周杰伦导演的《不能说的秘密》，真好看，于是许多乡民都振振有词地说周杰伦只是个挂名，他在现场只负责把桂纶镁。但你随便去问一个真正在电影界做事的朋友，就会知道真相：Jay 的导演功力，备受标准严苛的业内人士肯定。

前几天我逮到机会跟 Jay 聊天，也聊到了这个问题。

我说，这一次拍电影，我不想找很厉害但不会鸟我的执行导演，所以我找的是很熟的朋友廖明毅跟雷孟，因为他们很尊重我心中的电影模样。

周杰伦笑笑说，对啊，他也是，不过他干脆不找执行导演，免得到时候有一个人在外面到处说，《不能说的秘密》其实是他拍的。此外，Jay 说，反正有拍幕后花絮的话观众就知道大概的状况。

我也是。

我同样自己花钱找人侧拍这一次拍片的四天过程，原来大家想的都差不多。

《爱到底》，大家几乎都还没看，我先不仔细评论。

先说一点无关好坏的别的，我也只替自己背书，不当别人的保证人。

其实这一次，每一个参与的导演都展现了“个人特质”。

我热血，所以我拍的其实也偏热血。

某种程度我算是在拍《打喷嚏》，看过的就会知道。

擅长文字只是一种附加，毕竟任何导演只要找一个擅长文字的作家当编剧，立刻就可以让剧本具备“擅长文字”的构造，不需要自己会写剧本。

方文山可以找别人写剧本，合理。

陈奕先可以请别人写剧本，合理。

（我非常喜欢陈奕先的剧本里，阮经天的内心话，写得真好！）

黄子佼可以请别人写剧本，合理。

（好像是找蔡灿得当编剧，我喜欢蔡灿得耶！）

但，我……

我不可能让别人去写我要导演的电影的剧本，我丢不起这个脸啊！

其余关于我的电影就不自评了，留给大家。

方文山的电影《华山，24》，那个24的意思是片长24分钟，我看很多人都不知道干脆我帮忙讲出来。

很久了，方文山是我的偶像，大家应该都相当清楚才是。

在我写小说的第二年，我一边拖地一边听《双截棍》时，就被周杰伦与方文山吓到，觉得这两个人简直就太可怕，厉害得太可怕。

我的十大人生梦想的清单中，有一条是，希望能帮周杰伦的一首歌

填词。话是如此说，梦是如此做，不过有方文山在，我看不出来周杰伦干吗要分一首找我写。

这个电影短片计划从2007年就开始找我当导演，我一直是听到方文山始终都有在名单之中，我才亦步亦趋地跟着这计划、认同这计划。心中暗暗觉得，万一这计划唬烂[①]我，至少也一起唬烂到我的偶像方文山，哈哈。

摄影师强哥说，方文山是艺术家，大家看了就知道原因。

这一次拍完电影，参加了几个宣传跟座谈会，私下方文山鼓励了我很多，干真的是很那个，吼！

不过我真的觉得，方文山并没有在这一次的电影里展现他百分之百的能力，《华山，24》的节奏太缓慢了，剧情也很平板，不适合我这种热血咖[②]。

①唬烂：闽南语，形容人说假话、大话的意思。
②咖：闽南语里指“角”，即“角色”。

虽然失去记忆的梗很常见，不过最后的结局我挺喜欢。

陈奕先，是这一次四个导演中，唯一一个本来就在当导演的人。

之前网络上有很多乡民在干：“为什么陈奕可以当导演？”

妈的啦，“陈奕先”不是“陈奕”好吗？前者是MV导演，后者是演员！

——有没有马桶不重要，先扔屎再说，是很多乡民的生活习惯。

除了我自己拍的这一段《三声有幸》，我最喜欢的是陈奕先拍的这一段《幸运》。廖明毅跟雷孟也很喜欢这一段，他们觉得陈奕先的镜头手法很不简单。

阮经天和曾恺玹的演出都很棒，期待在电影里看到一般偶像戏剧的演出、预计好落井下石的人肯定会很失望，因为这两位“偶像”的演技，真的非常有质感。

《幸运》的故事构造很简单，我十分钟就可以写出来了。所以，陈奕先导演展现的正好是“说故事的手法”，不是单纯地炫耀镜头技巧，陈奕先将一个非常简单的情侣争吵拍得很有感觉，完全是导演的厉害。

我对陈奕先导演说，我的《三声有幸》，运镜都很简单平凡，因为我玩不起我还不懂的东西，所以就是“认真地用镜头把故事好好说一遍”就对了。

而陈奕先处理镜头的手法我一辈子可能也学不会，简单说就是我不会自己剪接，只能看别人剪接再提出意见，但陈奕先可以自己直接动手，可以玩的东西、可以变厉害的部分一定胜过我。

廖明毅说得好，陈奕先拍的比较像是一种“情绪”，我很认同。

如果正在看文的你会去看这一部电影，建议，不要用“剧情”的角度去看《幸运》或评断它。眼睛开一点，心就开很多。

最后一段是黄子佼导演。

不说假话，其实我一开始是相当不看好黄子佼导演的那一段，因为明星演员未免也太多了吧，片长最多也只有短短 25 分钟，连我这么会写小说的咖，都自认无法处理这么浩浩荡荡的演员爆炸状态。

可是我看完了，觉得蛮惊讶，《第六号刘海》拍得比我想象得好太多太多了。

黄子佼是标准的综艺人，他用了他的强项“综艺”去处理他的段落，用许多连环炮似的短剧去构成他的电影，很聪明，同样不玩他不擅长的东西。

简单说就是善用综艺的梗。

有些梗，香港的观众可能无法笑出来或觉得莫名其妙，但台湾的观众要笑，应该没问题。目前我看的电影场次都有极为大量的“业界内人士”，大家的笑声都很捧场，这些笑声如果也能渗透到充满一般观众的场次，就是黄子佼的大胜利。

我的笑点是属于周星驰、属于《去吧！稻中桌球社》、属于《哈棒传奇》的那种低级烂鸟梗，一般的综艺梗其实很不容易让我笑（这是我自己的问题，科科科），所以我其实也没怎么笑，不过我自己很喜欢命理老师黄友辅出现的那一段，怎么看怎么好笑！

见仁见智的部分则是，棒棒堂，有很多狂热的粉丝，不过也被很多乡民长期度烂，觉得只要在演员名单中看到棒棒堂，就一定是烂片，而且是绝对彻底的大烂片。

以下在宣传期这么说，可能很白目：

……不过我觉得棒棒堂的演出的确没有那么“出色”，距离演技还有一个足球场的距离，不过因为整个短片的类型不属于一般理解的“电影”，而是非常“综艺 tone（腔调）”，所以棒棒堂的演出效果还真没有乡民想象中那么糟糕。

我很幼稚，不过再怎么幼稚，我都已经过了“随便讨厌名人”的心智年纪，就容我不加入乡民的“暗阴阳咧，就是讨厌棒棒堂”的阵容了。

不妨给个鼓励。

毕竟在片头一开始出现的、友情客串的大明星苏有朋，不就是从偶像团体“小虎队”慢慢磨炼出来的吗？当年我们六年级生很迷的小虎队，也是当年很多大学生乡民眼中的大便啊。

香港电影公司对营销的思维，真的很猛，这一次的电影宣传，本真的下得很厚，3 月 3 日媒体首映当天还在大直美丽华放了超过三分钟的豪

豪华烟火的宣传。

嗯。

华烟火，造势真的很强，这种认真注重宣传的思维，让我颇受惊吓。

同样是两面刃。

宣传小，别人就比较不会开干。反正电影上没多久就要下片了，懒得理你。

宣传大，很多人不由自主就会觉得“太超过了”，其中必定有诈，于是度烂。

但要我选，当然选宣传大的方式，原因无他——《三声有幸》，很好看，请进。

若能有好宣传，大陆的许多导演也一定不会让自己的电影默默上片、悄悄下片。

真的是很感激的心情。我会竭尽所能配合宣传，不管大家手中的票是买的还是被送的，让更多人看到吸收了很多人的努力拍摄出来的《三声有幸》，就对了。

希望是个好的开始。

关于《三声有幸，电影创作书》

2009.03.22

当全世界的灯火熄灭，

我会悄悄留下声音，

点亮你我的羁绊。

由于要写这本书，造成很多人对我的《杀手，无与伦比的自由》暂停感到强恨。

不过这一本《三声有幸，电影创作书》，非得写不可，也非得在这个时候写不可。

《爱到底》电影要上映了，也许将来会出版 DVD 纪念，但我多么希望自己的第一部电影，既然有机会走进真正的电影院，就希望大家能够坐在舒服的位置上，仰起头，盯视超宽的大屏幕 24 分钟。

如果我这一本电影创作书可以多带一千个读者进电影院，它就有“实时存在”的价值。

如果《三声有幸，电影创作书》，竟能奇迹般地让一万名读者好奇地想看看……到底九把刀的话是不是一场嘴炮，于是就进了电影院，那，我就太太太太高兴了。

扣除勾引大家进电影院看看我的处女作的目的，更重要的是，我非常想记录一下过去几个月，我做过的一场美梦。

这本书，真的，不是一本剪剪贴贴剧照就算数了的“电影书”。

也不是一本，用最近距离闲扯大明星拍片八卦的“电影书”。

货真价实的，它是一本以“创作精神”为血肉的“电影创作书”。

这一场梦找上我，其实是在三年多前，我就有了当电影导演的第一次机会。

我慢慢写这些机会如何突兀地发生，如何悲伤地消失，如何又奇妙地再发生，这些承载着机会的不同故事又各自有什么样的“下场”。最后星皓电影公司找上了我，我又换过两个故事，最后拍出来的是第三个故事，也就是《三声有幸》。

为什么那两个故事无法拍摄？站在创作者的角度，如何对抗与折中？

对于同样喜欢创作的同道中人来说，不管是想写小说还是拍电影，这一本书同时也是将创作“除魅化”的一本书。创作者打开写轮眼的话，就能窥看我脑袋里的故事是怎么渐渐运作成形的。

我将放在我的计算机里的《三声有幸》原始灵感，不改错字、不校正语顺、不变动奇怪的结构，完整公开出来给大家看，对我自己来说也是纪念。

然后，我将这一段狂野的“灵感”，演进成拥有粗糙结构的“故事大纲”，乃至完整的“剧本”，再来变成“电影分镜表”的详细过程，统统交代清楚。

就算是电影分镜表，也加入了我自己写的原始版本、执行导演廖明毅跟雷孟的改写版本以及跟摄影师一起讨论的终极版本，根本就是……十分详尽！

说到这里，应该有人怕了，怕看不懂。

不，不会。也不用怕。

其实主轴还是人生的，一场大痛快！

我写了很多很多一般乡民也能得到科科科笑的有趣情节，毕竟是拍电影嘛，现场发生了很多好玩又深刻……又灵异的事情。

还有四个主要角色，男主角范逸臣，女主角赖雅妍，女配角静美姐，男配角莫子仪，这些明星演员是怎么因缘际会进入这一部电影，拍片过程又发生了什么事，都巨细靡遗地活在我的回忆书写中。

以后我要拍任何电影，很可能，都不会再这么详细记录一次了吧。

对了对了，随书奉赠一张 DVD。

这张 DVD 里面有什么呢？

有现场拍片的花絮、正式拍戏时的侧拍以及郑伟杰工作室操刀的电影配乐，DVD 总共有足足 35 分钟，靠，竟然比我的 24 分钟电影还要久！

负责接案侧拍的罗比很厉害，35 分钟充满了非常生动有趣的拍片花絮，剪接得非常好，整体的节奏很棒。最重要的是侧拍得超自然，侧拍的时候我几乎都没有感觉，所以前几天我自己看起来，感觉非常新鲜。

全书应该是全彩印刷（总编辑虎目含泪），因为不管是剧照还是工作

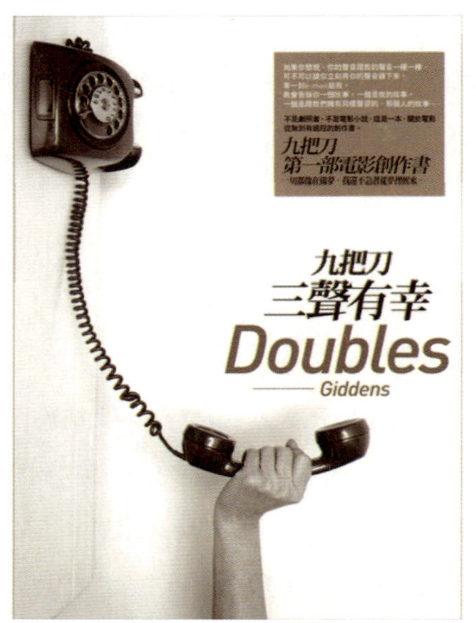

照的状态都非常棒，都是由两台单反相机、Sigma 类单反相机、Canon 的类单反 G9 相机所拍摄的。若非全彩印刷，简直太浪费。

说过了这不是一本剧照拼贴凑数的电影书，《三声有幸，电影创作书》光是字数有八九万吧，厚厚一摞，又加了一片 DVD，才卖 260 块钱（新台币，约 55.7RMB），老实说成本超级不符的啊，我光是自掏腰包请罗比从旁记录，跟自费制作了搭在花絮侧拍中的电影配乐，就堂堂正正花了十几万（新台币）！

希望 3 月 6 日后，大家能买票进电影院看场电影《爱到底》。

也能支持一下《三声有幸，电影创作书》的诞生啰！

澎湖演讲行

2009.03.25

说到演讲，上个礼拜去澎湖科技大学演讲，顺便好好地玩了两天半，租了一台才跑了190公里的TOYOTA Yaris，好新的车，开起来有种爽感。其实我去澎湖玩，已经有三次还是四次了吧，是个很好休憩的地方。（上次就是去玩经典跨下海参啊……）

澎湖科技大学给我的印象超好啊，因为我已经很久没有演讲超过两个小时了，唉，只要秩序好，我都很愿意讲两小时，但学校方面会有时间限制的问题，纵使还

我喜欢这件衣服。

前几次是租机车，这次是租汽车，
有种长大了的错觉。

是有很多投影片没能讲到，可在澎湖科大算是讲得很过瘾了，科科科。

不过我忘了大学是一个可以讲我与“手枪王”搏斗过程的场所，限制级，下次看看哪一所大学有胆子邀我过去讲吧……

我们住的地方是民宿“北非”，一个晚上3600元（新台币，约772RMB），主人很亲切也很好客（我是还没看过很残暴的民宿主人啦！），房间的摆设中，最要紧的就是正妹，其余都可以勉勉强强，嗯嗯，一进房门就看到正妹一枚，啧啧啧，果然是物超所值！

我问正妹能否伴游，正妹欣然同意，于是就手牵手一起去郊游。

“北非”民宿附赠的下午茶跟早餐都很丰盛，没有赶时间，吃得很随兴。

这次去澎湖，我觉得最好玩的就是到海洋牧场去钓鱼。说是钓鱼，其实我觉得在整个设计上好像没有把鱼钓上来的可能，不过我本就没打算把钓上来的鱼给吃了，所以钓不到也就算了，只是我的钓鱼线跟女孩的钓鱼线经常纠缠在一起，显然有点暧昧，害我不停地剪线重钓，可恶。没钓到，不过我们有350元（新台币，约75RMB）牡蛎吃到饱，吃吃吃吃，现烤现吃最赞了。船老大蔡先生的手发育得很惊人，完全无惧刚刚烤好的超烫牡蛎，徒手就剥壳，被我们不停赞怪手很强之后，蔡先生完全沉迷在徒手剥壳的表演中，我想他其实也很痛吧，男人的自尊心真的不能小觑啊。

那几天我们吃了很多海鲜，有“长进”“清香”“清心”。我觉得“长进”最好吃，尤其是那一锅红蟳粥，香气惊人，完全就是太好吃！好吃到我们完全忘记要拍下来，就被整个吃光光了啊。

刚刚烤好的蛤蜊超烫。

烤生蚝超甜超好吃的啦！

校稿时看到，整个很饿！

再来是远在西屿的“清心”，最后是近在菊岛之星旁边的“清香”，不过这也跟我们点的菜色有关吧。

来澎湖，仙人掌冰当然也是一定要吃的啦！吃完嘴唇跟舌头都红红的，感觉就非常的色（……哪里色？）。

借着演讲到处旅行真的是很幸福啊，希望听演讲的大家也能有丰富的收获，没有确切的收获，至少也开开心心地听我豪洨①一个半小时，科科科科……

今年好像有机会到金门跟马祖演讲，一网打尽台湾外岛的感觉很爽，不过金门的学校一直没有持续跟我经纪人确认，有流标的危机，马祖至少希望可能成行啦。

①豪洨：吹牛、骗人的意思，语气比“唬烂”更粗鲁一些。

绑饵很烦，烦到我不想钓。

我不适合戴墨镜。

很想念澎湖的时光。

《哈棒传奇》变成了……
某大专文科的通识教材啦，真的好有趣啊！

2009.04.08

哈哈哈，其实我不会妄自菲薄哦，我觉得自己有几篇散文跟几个短篇小说，还蛮适合当作语文教材来上课的，比如《慢慢来，比较快》里面的几篇散文，跟《绿色的马》里面的短篇小说，写得不错之外，都很有能量，也很有我自己的个人风格。

BUT！

人生最离奇的就是这个BUT！

今年我收到了这一份由慈惠医护管理专科学校通识教育中心语文教学组，编制的大专语文选教材，里面收录了我一篇短篇小说，万万没想到的是，竟然收录了我自认为百分之一亿不可能变成语文教材、更不可能变成公民与道德的教材的——《哈棒传奇》之《吴老师的数学课》！

吼！

这真是太猛啦！

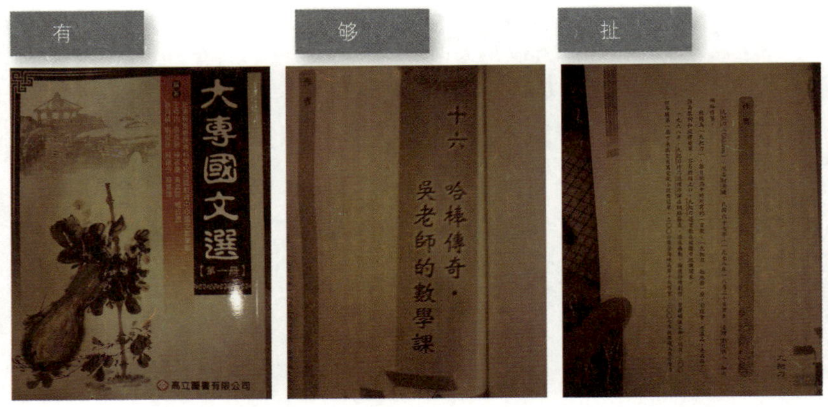

有没有那么夸张啊！我真的很开心跟觉得超级有趣的啊！！

《哈棒传奇》是我百分之百统统乱写的，写得很开心，但真的没想过要放什么意义进去耶，《吴老师的数学课》这一篇尤其是乱写中的大乱写，结果变成了我第一篇被正统体制收进去的文章。:D

谁说大人都是死气沉沉的，无法理解年轻人的大脑里其实有时候就是什么也不想装啊？！

有的时候大人做事，才叫我们大吃一惊咧！！！

《北极之光》《快克杀手二》《绝命派对》

2009.04.14

最近都没有更新博客，因为我在写《杀手》啊。

照片先放几张我去台北清水高中的演讲。

嗯嗯，清水高中的场地真不是盖的棒，麦克风效果真好。

有时候我去高中演讲，麦克风的回音太大，会让坐在两边的同学听得不清楚。而麦克风声音太小，大家一起听不清楚，或者我喊破喉咙同归于尽（同归于尽是这样用的吧？！）。可清水高中的设备算是十全十美了，加上同学听演讲的秩序超好，营造出非常棒的演讲环境，让我整个就很 high 啊。

清水高中演讲。

谢谢你们，也谢谢这个同学送给我的画，很明显是画我，而我也很明显本人比较霸气哈！最重要的是，希望热血的演讲可以带给大家一些勇敢的想法啦。:D

最近受邀看了一场舞台剧、两场电影，也来写写感想。

屏风表演班推出的《北极之光》（钟爱版），很好看。

说每个演员的表现都超棒的好像太笼统，所以我要说我很喜欢王月姐、曾国城跟朱德刚的演出。王月姐的声音超年轻，年轻到有点太传神了，我觉得王月姐一直用董至成的初恋情人呛他的那一段，好好笑啊。曾国城的表演很有喜感，现场观众的反应超好。朱德刚在舞台上是演成精了，看他表演非常享受。

女孩跟我都比较喜欢前半场，喜剧气氛浓厚，嘻嘻哈哈的，于是我们也看得又亲又抱的。下半场气氛转为忧郁，看到最后，舞台降雪，女孩看着看着又哭了。

推荐大家去看看《北极之光》啰，现场的表演生命力十足呢！

本人比较霸气吧！

今晚则是连看两场电影。

一场是《快克杀手二》，杰森·斯坦森演的超 high 片，我看现场工作人员应该都是一边吃摇头丸一边把电影拍完的吧。

合理票价：300 元（新台币，约 64RMB）。

High 到不行，很正点，第一集就非常好看了，第二集更是夸张到让人想猛踢坐在前面的人的椅子，好笑的非常好笑，恐怖恶心的超级恶心——有一段约 30 秒的画面，应该完胜 99.9% 的恐怖片。

《快克杀手二》，很可能是我今年看过的“第二好看”的片子，所以合理票价冲破了300元（新台币）。至于今年为止第一好看的绝对是《即刻救援》，整个就杀翻天了（用“杀很大”三个字，大家一定看腻了），《即刻救援》就快下档了，没看的快去看，不然实在太可惜了。

在看这两部片的时候，我内心都拼命希望不要太快结束，就算后面稍微烂尾一点都没关系，继续给我演下去就对了！这是非常好看的片子才能让我有这样的感觉啊！

《绝命派对》是新锐导演柯孟融的第一部长片，这片的类型正好是

Career 杂志采访报道，第 396 期。

我最喜欢的片种——恐怖惊悚类。

合理票价：150 元（新台币，约 32 元 RMB）。

这个要评论就难一些了，毕竟我的心中再怎么“好片烂片无分界”，台湾出品这四个字其实还是颇有影响的，加上我看过的恐怖片很多，对很多恐怖片的经典画面的记忆力又特别强。

说起来，我参与导演的电影《爱到底》下档了，现在讲一些后话应该客观多了。在各式各样的宣传里，其中有一件事让我有点小骄傲，那就是，我不曾在任何地方、报纸杂志、网络、电视媒体说过请支持台湾电影，我觉得好看就好看，不好看就不好看——只有支持好片，没有支持台湾电影。

很不想这么意识形态，但以台湾来说，我很推荐大家买票去看《绝命派对》。

这部恐怖片虽然大量拼贴了许多你我都看过的惊悚片的画面，有点像是老师在考前一天宣布的课本画线总复习（总复习不见得不好，毕竟我们喜欢看恐怖片，就是喜欢看某些残暴的老梗不断地繁衍，就如同喜欢看爱情片的人，还不就是喜欢看搞暧昧、进而热烈追求等老梗），但也不乏创意的部分，小雷一下——如果可以将“全身抽脂”确确实实地拍出来，一定超酷的啊！

缺点是，用 HD 拍摄的结果就是画质很像电视，而不像大屏幕电影，这明显是预算上的匮乏，我不觉得是导演或制片的错。摄影机异常过度晃动地呈现，我不喜欢，常常晃得很随便，也因此许多可以搞得很残暴的画面都晃一晃晃掉了，可惜。另外，就是类似场景不断重复的频率太高了。

优点是，我觉得导演柯孟融很有拍恐怖片的才华，比起前几年的《宅变》——号称恐怖片可是我没有一秒被吓到或坐立难安，这一部《绝命派对》的节奏感好太多了，导演柯孟融绝对还会拍出更好的作品。

最近也想找时间去看舞台剧《肤色的时光》。

远传推出用手机下载我的小说《猎命师传奇》的服务，虽然在中国台湾大家用手机看小说的风气没有日本旺盛，但对我来说，还是非常快乐的尝试啊，最近有点想换手机号码了，也许也可以借机考虑远传吧……

最后的最后，最新一期的 *Career* 杂志《职场情报志》采访我，写出来的报道我自己看了也有点感动，看来我真的有点三八啊！我觉得推荐采访自己的杂志报道很奇怪，但这一篇尤其推荐给快要踏进职场的学生。

今天我出门拍常去的地方，结果意外拍到街头格斗赛

2009.05.01

由于有很喜欢特殊的合作案找上门，今天特地不写《杀手》出去一大趟，去拍几个我常常去晃的地方，有的是喜欢吃的小店，有的是以前常逛的区域，有的是常常去写小说的咖啡店，甚至是以前还没在台北租房子时常去住的小旅社。

当我逛到西门町的时候，突然看到有一个高大威猛的路人走到一台车子旁，他先是大声说话，说一些诸如“你刚刚很嚣张嘛！”之类的话，然后将正在开车的司机整个拖出来。（一大堆路人都在看）

没打啦，不过感觉快了。

FIGHT!

那个司机很害怕，车子没停还在动，于是奋力挣脱了那拦路大汉的双手跑回正在移动的车上，那大汉继续逼近，可那司机好像是自知理亏地快速逃走……

我有相机，所以顺手拍了下来，啧啧。

嗯嗯嗯嗯，好险最后没打起来，不然我就要走过去各崩一掌，接下来会行程大乱啊！！！

P.S.：我经纪人再三嘱咐过我，绝对不可以打死人啊……

最常被读者问到的三大经典烂问题

2009.05.05

到学校演讲时，最常被学生问到三个问题。三个问题都很烂。

第一："请问九把刀，你为什么要叫九把刀？"

请查维基百科啊，总之那是我高中跟大学时期的绰号。

第二："请问九把刀，你那九把刀，是哪九把？"

这个问题烂的等级，跟乡民的喇赛[①]差不多啊。

第三个问题，通常发生在演讲刚刚结束时，我装模作样地问："请问各位同学，对刚刚的演讲有什么疑问的吗？"就算底下有学生想问问题，大都不敢第一个举手，所以现场会一片死寂。

怎么办？学校的老师跟教官心地都很善良啊，此时就会在底下走来走去，用手肘去拐班上模范生的后脑勺，压低声音命令："班长！起来问九把刀一个问题啦！不然他在台上很尴尬耶！"

①喇赛：闽南语、喇、搅拌、赛、屎。合在一起引申意义为大家一起漫无目的、不限主题地乱聊一通。

此时，举手的模范生要不问第一跟第二的烂问题，大多会彬彬有礼地问：“请问九把刀，你那么会写小说，写过故事的类型又那么多，请问你的灵感都从哪里来？”

这个问题，乍听之下好像还可以，但实际上这个问题的等级跟以下问题的水平差不多……有一天你在马路旁边撞见一个老先生在铺柏油，你在老先生的耳朵旁边大声问：“老先生！请问你为什么那么会铺柏油？！”愣了一下的老先生只能腼腆地回答你：“科科科，我就是铺柏油万中选一的奇才啊。”差不多烂。

关于灵感的问题，只要是靠脑袋吃饭的人，绝对常常被问到，若作家很诚实地回答：“我写作不靠灵感，靠的是才华。因为我是万中选一的写作奇才！”

听到这种答案的读者一定很度烂，认定作家只是逮到机会用嘴巴放屁，不诚恳、太自大，妈的以后宁愿去背字典也不去看你用才华洋溢写的书。

既然读者坚决不接受诚实的答案，为了不冷场，作家也只好胡诌出一些整理灵感的方法，诸如做笔记的技巧啦，剪报的个人逻辑啦，最近看过颇有启发的一大堆书单啦等等，把作家自己其实没有认真想过的问题规格化，弄出一份从灵感到完整作品的路径表，还细分流程步骤甚至还有贴心的写作小提醒。恶。

说真的，其实读者问作家的问题里，有很多只是消耗时间的瞎哈拉[①]，

①哈拉：台湾俚语，意思是吹牛、说些不靠谱的话。

不知道有没有办法找时间去学广东话，
我好像有一点天分？！

每次找理由去香港，都觉得很高兴，
领奖这个理由，实在是太好了。

比如："请问你写作快乐吗？"（究竟有谁会白目地说，写作只是我的日常工作，快乐个屁！大家都回答好快乐啊！）"请问你自己最满意哪一部作品？"（最假的人会说，绝不自满，所以统统都不满意，会更加努力求进步，谢谢大家，请大家继续支持。）"请问你写作以来遇到最大的困难是什么？"（看看会有多少作家会诚实地说版税太少，很想死。）"请问你下一本书的写作计划？"（答曰：把《四十二章经》翻译成英文。）"能不能推荐几本帮助写作的好书给大家呢？"（答曰：就《海贼王》啊……看我的橡胶枪乱打！）

问灵感怎么来的，也像是没话题找话题的问法之一，大家一起取暖。

既然是为问而问，懒惰一点的话，我会引述李敖的经典名句搪塞过去："李敖说，妓女不能等到性冲动才接客，作家当然不能等到灵感来了才写作。"明明就是李敖说得巧妙，现场却会响起一阵掌声给我。谢谢大师，不要告我，我每次都有说出处啊。

偶尔……偶尔！我会准备很多投影片，来详细解说我是怎么搜集灵感的，但对一个万中……嗯嗯，的人来说，这种天花乱坠的解说常常都很心虚，所以我后来都用超畸形的例子在解说写作灵感，毕竟听大家在底下笑到撞墙，比感觉到听众竟然用尊敬的眼神看我，来得踏实多了……也比较不会下地狱。

至于读者发自内心最想问我的问题，我反而无力招架。

比如："喂！《猎命师传奇》最新一集什么时候要出啦？你这样下去会有报应的！"

或："不是说 2007 年吗？现在都 2009 年了，《罪神》到底什么时候要写啦！”

还是：“刀大，《杀手》不是说好这个月就会出版的吗，你要当富奸吗？”

记忆力好的读者最讨人厌：“扣扣扣，有人在吗？刀大你不是发过誓要写《飞行》的吗？不是发誓说万一拖稿的话，睡觉翻身就会不小心把睾丸压破的吗？”

比起这一连串鸡巴透顶的问题，科科科，我看我还是假一点，乖乖回答关于写作灵感的问题好了……

希望H1N1早早落幕啊，话说，香港被封锁的维景我以前住过啊，印象非常好呢。

大恭喜……
强兽人朱学恒成交！

2009.05.11

原本这一篇博客要继续整理波兰医学院留学生的相关文章——

BUT！

人生最精彩的就是这个 BUT！

BUT 下午女孩打电话给我，用刚刚看到命案现场的惊恐语气告诉我："天啊，天啊！你有没有看网络，朱学恒结婚了耶！"

"嗯。"

我很冷静地挂上电话，闭上眼睛，想象着一百九十厘米的朱学恒在派出所当众跪下来发誓的画面："我发誓，这是在双方情投意合下发生的亲密关系，真的不是各位想象的那种事情。不信，我可以马上娶她！"然后配上一连串《苹果日报》的犯罪示意图。啧啧。

后来我一连上网络，发现！发现强兽人朱学恒不只要结婚了，干还要一鼓作气盗回本垒，要当爸爸！要当爸爸了！

朱学恒于母亲节郑重自首。

（参见 http://blogs.myoops.org/lucifer.php/2009/05/10/promise《男子汉的承诺》）

说真的，我这个人最喜欢恭喜别人当爸爸了（可能的话还想看着对方的脸连续说一百次），抱持着（1）幸灾乐祸（2）避之唯恐不及（3）忍俊不禁（4）欢欣鼓舞……的心情，答案应该是（4）吧？！马上传了短信过去："你的保险套哪一牌的请务必告诉我！我没有别的强项，所以我决定将来硬帮你的小孩取绰号！恭喜，扑哧！"

一分钟后，显然没有在陪老婆的很闲新郎立刻回传："可恶……"

我恍然大悟，原来又是在众爸爸间广为流行的"可恶牌保险套"！

（商品广告例句：好友甲竖起大拇指，大赞："可恶，我要当爸爸了！"）

恭喜一声！

恭喜二声！

……恭喜强兽人朱学恒于2009年母亲节成交！

奉上爸爸一枚！

反波波战斗

2009.05.13

又要继续写点关于波兰医学院留学生（也就是大家所说的波波）是否可在台湾行医的文。

其实每次争论什么东西，到了后来，都会发现理由之外的东西，最大的收获往往不是实现了什么，而是借此又更了解自己一点。

每个人都有立场，没有见鬼的绝对客观，为了顺利沟通，我们也许可以尽可能说着客观的话，但“自己心里真正是怎么想的”才是我关心的。或许是我自己的出身，我几乎不鸟菁英主义，我写大众小说，每次有打着菁英文学旗帜的文学魔人要干我，我都不客气干回去，以前我也写过一篇《7.69分上大学，又怎样？》的博客（收录在《不是尽力，是一定要做到》一书中），因为我觉得大学不只是学术养成教育而已，应该给更多的人机会。或许我说得不尽然对，但我喜欢站在小人物，甚至废物这边讲话，这种心态大概没有错。

几个星期前，我在网络上看到一篇记者到波兰医学院采访回来写的文，内容不外是在波兰习医很苦，训练很扎实，考试很严格，被当一科就退学所以筛选很严酷等等，最后学生还得回台湾参加“考试”，通过了才能够当医生——记者显然认为，台湾医生没有理由反对波波回台行医。

当时，我看了觉得……对啊！干吗反对啊？那么强，回台湾行医不很好吗？

后来事情越滚越大，终于很多细节被网友曝了出来，原来很多东西不是我之前所认知的那个样子，大幅度改变了我的立场。

比如波波考试的时候用的是规格化的人体模型（台湾学生用的是真正的大体），比如虽然被当掉一科就退学，可波波可以一直补考直到过关为止（另一说是补考三次。毕竟退学了，学校就收不到接下来的学费），比如波波要念波兰的医学院，须通过英文检定认证（结果有的学校根本不必）。诸如此类，让我非常震惊。

所以我写了上一篇博客。

写完后，我的信箱不断收到本土医学院学生的信，与他们陆续提供的资料，后来我也上了 ptt 的 medstudent 版，看了更多本土医学院学生的说法。

当然了，我也收到了波兰医学院留学生的来信，他们觉得我的文章对他们并不公道，觉得我受到道听途说的信息影响太大，无法公正，尤其我的博客每天有很多人看，请我注意自己的影响力。

（其实我本来就不公正，从我出生开始我就没打算当一个公正的人，如果我发现我很公正会导致我被没有实习过的医生开刀，我更不想当一个公正的人。）

不过我觉得，应该给波兰医学院留学生一个说明的机会，尤其我自己也很好奇他们的说法。如果我真的有认知错误，或是被特定意识形态给绑架，我也希望能够“醒来”！

于是我请波兰医学院留学生给我一份“让我可以公开贴出来”的信，当作他们的说法。最后我再将这一封公开信放在BBS上，希望得到更多来自台湾医学院学生的解答，于是我又更了解了事情的真相。

始终，我很好奇一件事——为什么是波兰？

既然你们到波兰念医学院，为什么不是念波兰本地的班级，而是去念国际班？你会说，本地班讲波兰语啊，又听不懂，国际班讲英文啊！当然选国际班念！

那，英国的医学院也讲英语，老师的发音一定更标准，怎么不去那里念？

美国的医学院也讲美语啊，教授的发音也超标准的啊，没课的时候可以买NBA季后赛票看Kobe跟James灌篮，又可以买票去看王建民一球一球地投（……好啦现在是不能啦），怎么不去美国念？

你敢说，你选波兰，不是因为在波兰读医科，简单容易太多了吗？

如果你对医学有热情，想救更多的人，为什么要到一个医学水平比台湾低的地方去学习？如果是因为考不上台湾的医科，但又驾驭不了体内不断膨胀的热情，无可奈何之下想起国外的医学院比较好进……那么，欧洲很多的医学院也采取“好进难出”的策略，怎么不去选法国念医学呢？怎么不去德国？还是你一不小心就知道了其他“好进难出”的欧洲医学院，三振退学率往往高达九成呢？

对医学有热情，对救人有热情，不就应该好好挑战一下医学的殿堂，才能更充实自己、鞭策自己吗？怎么嘴巴讲热情，身体却很诚实地走后门呢？

波波常说，台湾医学院的毕业率太高，高达九成，比起他们 60% 的毕业率，他们才算是有经过筛选。

网友 kadc 简单地用数学指出这个谬误。

正确算法如下：入学难度乘上毕业难度

录取率毕业率

波兰医科 100%×60%=6000/10000

中国台湾医科 1%×90%=90/10000

相较之下，中国台湾医科明显地有鉴别率太多了。

鉴别率当然很重要，干我不要被比我笨的人诊断。

以前中国台湾只承认九大国家和地区（美国、日本、欧盟、加拿大、南非、澳大利亚、新西兰、新加坡、中国香港）的医学院学历，据我得到的数据，都没有人有异议，也都觉得学成归来的医学院学生很有竞争力，并没有出现什么值得讨论的排外现象——问题就出在欧盟。

自从 2004 年 5 月波兰加入了欧盟后，有关当局也一并承认了波兰的医学生学历，本来也没什么大不了——可凡有漏洞，必有代办公司。

代办公司与非常想赚钱的波兰大学，联手催生了畸形的医学院国际班！

以下是我刚刚顺手 Google 到的，《今周刊》写的一篇警示专文，《六百五十名台生赴波兰就读医学院》，节录一段：

事实上，波兰在 2003 年加入欧盟的公投时，不少留学代办已经摩拳擦掌，抢向各波兰医科大学签订国际班招生授权，每年掌握亚洲的 120～150 个招生名额，只要通过英语面试并缴纳学费，就能赴波兰修习四年制的“学士后医学系”，没有大学学历的学生，可以选六年制医学系或五年制牙医学系。整体来说，波兰医学系国际班的入学门槛，相对中国台湾医学系宽松许多。

网友 kugyu 瞬间抓到重点：要考学证时，台湾证实才一个人去念……免考就大于 650 人去念，说突然对医学有兴趣真是放屁，波波不能说的秘密就是去念的心态和时间。

也就是说，以前去波兰念书，回台湾要考学历认证才承认其资格时，只有一个人去波兰留学习医（如果一直说波兰好，怎么之前没人想去？），波兰并入欧盟计算的 2004 年开始，学历不用认证，就涌进了数百人。（此时忽然说，去波兰念书是因为向往东欧古国的人文气息，屁啦。）

波兰医学院干，真好念，超配合代办公司，这才是一堆声称他们对学医很有理想的人，不选超强的医学大国，而选择了波兰习医的真正理由吧？波兰何辜？问题在国际班！

也许有很多言论支持波波的人或波波自己也觉得，既然当初法规就这样规定，即使是漏洞，波波也是合法地去念书，合法地取得学历（管他多好拿到毕业证书）就应该获得保障，回台湾一起参加“考试”（这个“考试”非常好考，应该是医学院学生的共识吧）。

好吧，一切都讲到法律的话，就来看法律吧——我乐意看到台湾当局因为法规上的失误，花大钱赔偿你们！

真的！就算台湾对不起你们，也不应该让没有实习经验的人回来当医生啊（不要再唬烂波波有实习了，都听不懂波兰话是要怎么在波兰实习，难道有只收会讲英文病人的国际医院吗？课表上也没有货真价实的实习课啊，只有一般的走晃见习啊！连波兹南医学院校长来台湾时都承认，波校所谓的实习不过是 6 ～ 8 小时的课程，中国台湾则是 18 个月）！

法规烂掉了，怎么办？放任它继续烂吗？

网友 littlegin 查到，日本也有类似的波波问题，因此日本也开始立法防堵。

过去做错的事，日本愿意修法回敬那些代办跟偷鸡摸狗者，我们呢？

我很讨厌有人对我说谎，或讲话避重就轻。

波波常常说他们的入学考试是有“比较简单”。那些考卷很多网友都看过了，岂止是简单而已，连我这种从高二开始就不念生物的人，考 80 分都没有问题，毫无鉴别率可言。

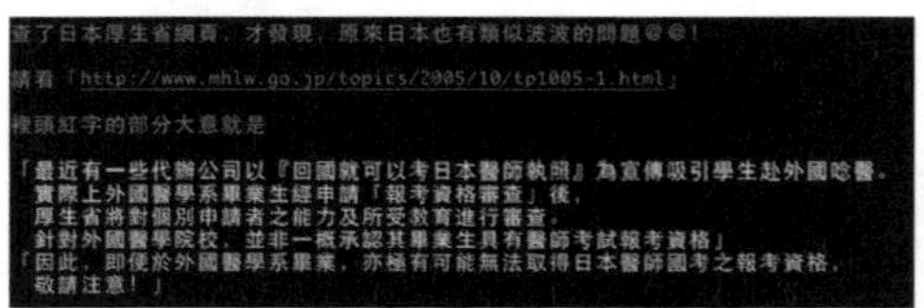

网友 littlegin 查到，日本也有类似的波波问题。

以下是传说中的考题。

Medical University of Lublin　　　　Taipei, Taiwan,
Date:

Al. Raclawickie 1, 20-950 Lublin

Name of the
Candidate:……………………………………………………

Answer MUST be pointed by each member of the Admission Committee from 0-5 points each:

A.	Why do You want to study medicine?		
B.	Evaluation of previous education		
C.	Why do You want to study in Poland and Lublin?		
D.	Do You have the skills to be a good physician?		
E.	What are Your hobbies?		

Chairman.
Prof. dr hab. n. med. Jacek Roli□ski

……………………………………………

Member of the AC
Dr n. med. Kamil Torres

NAME (please fill with CAPITAL LETTERS): 6MD　　***Attachement No.2***

……………………………………………………………………

……………………………………………………………………

Please select the correct answer by marking a cross X in the answer sheet below the questions.
Only ONE answer is correct.　　You have 5 minutes for all questions.
Good Luck !

1. The aorta is:

A. arterial vessel
B. venous vessel
C. lymphatic vessel

2. Pancreas is responsible for production of:

A. insuline
B. adrenaline- epinephrine
C. parathormone

3. Which one is not element of the peripheral nervous system:

A. Cranial nerves
B. Spinal cord
C. Spinal nerves

4. Nephrons form the:

A. kidneys
B. brain
C. pancreas

5. Neurons are:

A. cells of the nervous system
B. cells of the lymphatic system
C. cells of the blood system

另外，波波常常说他们有见习，可见习不是实习。

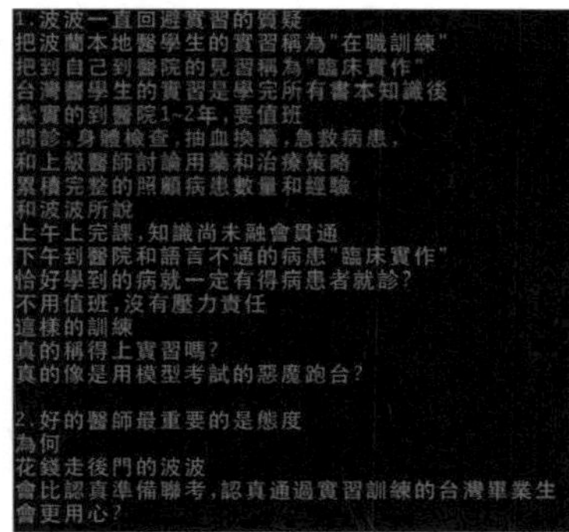
1.波波一直回避實習的質疑
把波蘭本地醫學生的實習稱為"在職訓練"
把到自己到醫院的見習稱為"臨床實作"
台灣醫學生的實習是學完所有書本知識後
紮實的到醫院1~2年，要值班
問診，身體檢查，抽血換藥，急救病患，
和上級醫師討論用藥和治療策略
累積完整的照顧病患數量和經驗
和波波所說
上午上完課，知識尚未融會貫通
下午到醫院和語言不通的病患"臨床實作"
恰好學到的病就一定有得病患者就診？
不用值班，沒有壓力責任
這樣的訓練
真的稱得上實習嗎？
真的像是用模型考試的惡魔跑台？

2.好的醫師最重要的是態度
為何
花錢走後門的波波
會比認真準備聯考，認真通過實習訓練的台灣畢業生
會更用心？

网友 Mowbaby 解释得好。（我都挑一般民众可以理解的贴）

网友 intotherain 这一段写得很明白。

2. 不斷說波蘭醫學院並沒有很好讀
他們覺得沒有很好讀≠波蘭醫學院真的很難≠波蘭醫學院品質好
波蘭醫學院不好讀，台灣的就好讀了嗎？　台灣還不好進咧。

3. 不斷說學歷測試對他們不公平
沒面試的指考 →考不上、不想考、沒時間
有面試的學歷測驗 →怕被黑掉不敢考、考不上、不想考
都給你們去讀就好了啊，難道都不考直接讓你保送？
而且為什麼只有那些在東歐的抱怨不公平？
在其它國家，如日本、菲律賓、美國等就讀的，就沒聽過？
修法不是只考東歐耶，是全部國外都要考。

网友 AllenTTN 说得妙。（还是挑一般民众可以理解的贴）

此外，這醫學院內的競爭指的究竟是在學時，還是畢業考國考呢？
若是指在學時，先看看這則報導吧http://blog.udn.com/tayiu/2551505。醫學院內的競爭嚴格？那麼這些經歷波蘭國際班嚴格競爭的學生們，在回台灣考國考時，錄取率怎麼只有三成？相同的考試，台灣的畢業生可是有九成啊！那台灣醫學院內的競爭一定「超嚴格、嚴格到爆肛」。

很多事，从辩论的角度可以产生胜方跟败方，可常常我们这些老百姓在网络上辩论得很尽兴，也自以为达到了公民社会的开放性，但这个社会实际的运作面往往很粗暴。对自己与大众的真实想法无法动摇远在我们之上的力量，干就是很无力。

举双手赞成波波回来行医的人，说得一口道理，可你们愿意给波波看病吗？有胆脱裤子上手术台让没有实习过的医生帮你割盲肠、切包皮吗？你身边重要的人生病了，你也愿意将她献给当年只考了你一半分数不到的医生决定生死吗？

我完全不适合扛大旗，只是我正好关心这个议题，也觉得这个议题值得更多人关心，我也完全不觉得我写的比那些医学院学生来得好，来得仔细与完整。只是我用门外汉的方式写文章，比较能让大家看得懂，

弱点正好拿来利用。

回想起来，我高中念的是彰化精诚中学，小学校，不过也有一堆很强的人，当时采取能力分班，所以我被迫跟很多怪物一起念了三年书。联考压力很大，大家念书都念得很猛，我很清楚班上那七八个后来考上医科的朋友跟我自己在知识学习上的差距，往往老师讲完了观念他们就可以开始解联考题，我却要从基础题型慢慢算起。

我也有一个聪明的好朋友，是个女生，她以前念的是台大心理系，后来念完了硕士还是想学医，于是她就很努力地考上了学士后医……对啊，这也是另一种习医的管道，当然指考上医科不好上，学士后医也不好考，但就因为统统都不好考，所以让这些既聪明又努力的人当医生，才更能让人放心不是吗？

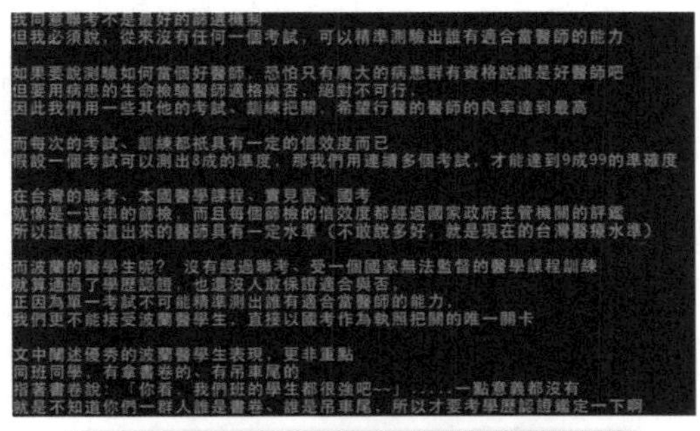
我同意聯考不是最好的篩選機制
但我必須說，從來沒有任何一個考試，可以精準測驗出誰有適合當醫師的能力

如果要說測驗如何當個好醫師，恐怕只有廣大的病患群有資格說誰是好醫師吧
但要用病患的生命檢驗醫師適格與否，絕對不可行，
因此我們用一些其他的考試、訓練把關，希望行醫的醫師的良率達到最高

而每次的考試、訓練都祇具有一定的信效度而已
假設一個考試可以測出8成的準度，那我們用連續多個考試，才能達到9成99的準確度

在台灣的聯考、本國醫學課程、實見習、國考
就像是一連串的篩檢，而且每個篩檢的信效度都經過國家政府主管機關的評鑑
所以這樣管道出來的醫師具有一定水準（不敢說多好，就是現在的台灣醫療水準）

而波蘭的醫學生呢？ 沒有經過聯考、受一個國家無法監督的醫學課程訓練
就算通過了學歷認證，也還沒人敢保證適合與否，
正因為單一考試不可能精準測出誰有適合當醫師的能力，
我們更不能接受波蘭醫學生，直接以國考作為執照把關的唯一關卡

文中闡述優秀的波蘭醫學生表現，更非重點
同班同學，有拿書卷的、有吊車尾的
指著書卷說：「你看，我們班的學生都很強吧~~」……一點意義都沒有
就是不知道你們一群人誰是書卷、誰是吊車尾，所以才要考學歷認證鑑定一下啊

网友 intotherain 这一段写得很明白。

一个阳明医五的网友写信给我，他也说得有道理。

每个人的天分与才能不一样，比写小说，他们说故事当然没有我好，但我知道他们脑袋灵光，我很放心将来有一天我要看医生的时候，是他们在向我解释病情，而不是当初拿一大箱钞票钻法规漏洞得到学历的人。

最后，其实现在我的心中是没有热血的。

这件事让我觉得台湾医疗界非常黑暗，重点在于，许多钻法规漏洞的波兰医学院留学生的爸妈，都是医生本身！如果连医生自己都觉得自己的孩子脑袋不灵光，甚至不必实习也可以当医生的话（所以才会把小孩子送出去），毋宁赏了那些正在挺身而出对抗这个大漏洞的医学院学生一个大巴掌！

所谓医德败坏，不必等那些走后门的波波回台湾来行医，丑陋的嘴脸现在就可以看得清清楚楚。

有医学院学生寄信给“强爸人”朱学恒，希望他在人生就是不断地中出之余，能挺身而出。朱学恒说：“一直有人写信来叫我支持反对波波医生的联署，我是不反对你们一直写信来啦，但上一封信说：‘这不是为了我们医学生的前途，而是为了全台人民的健康！’干，去年这样跟我说的大学生是在搞直销耶！”

某种程度，没打算参战的“强爸人”点出了很大的问题。

到底医学院学生是为了全台湾的健康质量而战，还是为了捍卫工作权而战？

今天大部分的医学院学生在毕业后，都不想进四大科，成绩够的话都一股脑地往皮肤科、眼科、耳鼻喉科、精神科、家医科钻，尽可能不碰太过劳累的科别（也有医疗纠纷的潜在问题），这样的选科潮流已经存在很久，当然，人各有志，没有要医生每个都彻底牺牲奉献，但这个现实也跟大家幻想中“以拯救人类生命为目标”的热血医生，相差太远。

最后的最后，我的博客一天有很多人看又怎样？真正有办法参与制定法规的人我一个也不认识，很多人知道身边即将有很多实力不足的医生又怎样？其实若改变不了什么事，我花三个小时写这篇博客，就等于在练习口才而已。

辩赢我的人，我给你拍拍手，祝你身体健康，但我不会因为法规有落日条款保障波波，就微笑放心地给波波看病。

我以后绝对会非常注意正在跟我对话的医生的毕业学校。MIT[①]医生万岁。

① MIT：Made in Taiwan，台湾制造的缩写。

在那之前，你该做什么样的事？

2009.06.04

好久没认真写个博客了。

几个月前参加一个大型座谈会，主持人是王文华，跟我一起座谈的还有方文山跟女王。读者提问时间，有人举手问方文山：“我要怎么做，才能成为一个专业的流行歌作词人？”

方文山回答：“很多人问过我，要怎么做才能当歌手。我都很想反问，你是喜欢唱歌，还是喜欢当歌手呢？因为这是两件不一样的事。”

我在一旁听了，差点鼓起掌来。

接着，方文山继续说：“你问我，怎样才可以成为作词人，其实如果你将来想作词，你现在应该已经在做一些相关的事，也许你已经对读诗有兴趣，也许你已经写过几首新诗，也许你已经动手写一些有的没的，不会都在做一些跟词曲没关系的事吧？如果你说你想玩团，但你又不会弹吉他，又说你不会唱歌，也不会弹keyboard，那么，你想玩团？为什么？”

方文山讲得真好啊，所以现在我要做的，只是延伸他的话。

同样有很多读者写信给我，留言在博客的悄悄话里，或者演讲后举

我真心崇拜方大师啊!

手发问，想知道：“九把刀，怎么样才能成为一个作家啊？”

就跟方文山说的一样，你想成为一个特殊的、你想成为的人，就说“职业”好了，这样的自我期待一定不可能“凭空出现”。

正常的状态应该是，你很喜欢看小说，喜欢看金庸，喜欢看倪匡，喜欢看村上春树，某天忍不住买了几张稿纸动手写几段话，写满了几张稿纸后，觉得自己写得挺不错，于是又跑去买了几张，继续写继续写。

也许某一天心情好，你将稿子整理一下，投了一个文学奖，或许纯文学奖，或许大众小说奖，或许最后真得了奖，或许只得了个屁。也许没得奖的你满怀度烂地将稿子装进信封里，加上吹牛的自我介绍丢到出版社。或许出了书，或许得到了一封充满鄙视的退稿信。

那又怎样？

也许你是从博客开始写起，起先只是想储存照片，但放着博客功能不用也怪怪的，于是你单纯地记录一天发生的琐碎事物，或只是写几篇看完电影后的感想，或只是想写一下追不到女生的痛苦。

写着写着，某一天，你发现自己很喜欢写东西，也许还注意到不知道从什么时候开始，有网友在你的文章底下留言，称赞你这一篇文章写得很有感觉。

有了点成就感，累积了一些读者，你忍不住想东想西……说不定自己拥有写作的才能？于是你动手整理博客，分时间、分主题、去芜存菁，最后到书店里晃一晃，研究一下哪一间出版社的风格适合你。

像不像这样？

就是这样。

这个过程里，其实你不大需要，甚至也不见得会去问一个作家“如何能成为一个作家”，自己就会因为很想去做，进而尝试了很多努力，并且从这些尝试的过程中获得了很多爽感或挫折。

总而言之，若你对一件事有兴趣，自然就会采取“慢慢接近它的方式”，而不是你突然想成就一件事，之后再分析规划出能够达成它的种种合理方式。

两者很像，但有着根本上的不一样。

也许有很多人可以先定下一个目标：“看九把刀每天都过太爽，shit！我决定也要成为一个作家！”然后开始研究我如何经营博客（谜！这件事连我自己都不晓得！），研究我是怎么写小说（保准你头昏眼花）、研究要参加哪个作家的私人网聚好建立关系，研究哪一种类型的小说正受到市场欢迎，研究……研究了很多很多，然后定下每个阶段需要储备的能量，再一步一步接近“妈！我终于成为作家啦！”的愿望。

也许，也许真的有很多人可以这么理性地办到这件事。

但无论如何我都觉得那样好怪，为什么不单纯一点，将“兴趣”点火，用自然而然烧出的火焰去发展自己呢？如果是这一种，即使最后你无法成为拥有实体书出版的作家，至少，你对写作的兴趣还是千真万确的。

你不用“出版畅销书才算成功”去威胁写作；写作，自然也不会用“不出书就不叫作家”来背叛你。

你有什么东西可以输？没啊，自 high 就算赢了。

我想很多行业的外表看起来都“好得太唬烂”了，导致很多人都无法纯粹看待。

很多人只是憧憬站在舞台上唱歌、接受万人掌声的感觉，而不是喜欢唱歌——甚至其实也不“擅长”唱歌。当明星很爽，所以很多人很喜欢当明星，喜欢接受采访，喜欢看到自己美美地出现在报纸杂志上，却不知道自己想拍什么样的电影、适合饰演什么样的角色、对剧本没有想法、觉得专辑要收录什么歌就交给经纪人挑就好了，反正他无所谓。

也许残忍，但大部分会问我如何才能成为一个作家的人，我想，其实都只是随便问一下吧？或是，他们误判了自己内心的想法——他们只是喜欢“当作家”，喜欢去学校演讲，喜欢在书架上看到自己出的书，但对创作没兴趣，要不然，一个本来就很喜欢创作的人，怎么会不知道创作最重要的一件事，莫过于即刻动手创作呢！

前一阵子写《杀手》，我为了写一个刺青师的角色，于是去买了一些关于刺青的杂志来翻翻，在其中一本杂志里，有个很威猛的刺青大师说，他常常去各地演讲，底下的观众都会问："如何成为一个刺青师？"

大师微笑："要从一般的绘画开始练习起。"

观众追问："那，要如何学会绘画？"

大师开始不耐："那就要看你画什么，一般都是从基础素描开始。"

观众再接再厉："那么如何学习基础素描呢？"

大师叹气："……要从挑画笔开始。"

观众锲而不舍："那什么样的画笔适合素描的初学者呢？"

大师翻白眼，仿佛遭受重击。

最后大师痛苦地作出结论：如果你真的对刺青很有兴趣，本来就该对绘画有一定的功力，而你为什么会对绘画有功力？当然是你练习过很长时间的绘画。于是你根本也不会想到要问人怎么挑画笔，因为你会好奇地每一支都拿来画画看。

你会成为一个什么样的人，跟你过去的所作所为，本来就有很强烈的关系。

跟"欲望"不一样，"愿望"不会无端端产生。

其实这个问题："请问九把刀，如何才能成为作家？"

在我的心中是有一个真正的标准答案的，那就是："无论如何，先写完一个长达八万字的故事，写完，你还有同样的疑问再来问我。"

但我通常不敢这么直截了当地回答发问的读者，因为诚实的回答听起来总是很刺耳，容易被误以为我很鸡巴。

最后，更不要问这样的问题："请问九把刀，如何才能够成为像你一样的作家？”因为我真的很鸡巴。而这个世界上每个人都是独一无二的，台湾有一个那么鸡巴的作家已经够鸡巴了，你应该可以成为另一个独一无二。

附带一提。

写到这里，有一件事各位应该已经发现了。

那就是我并没有将方文山所说的话，当作我自己说的话写出来。

如果你觉得某个人说的话很有道理、很棒、受益匪浅，就更应该给这样的人一些尊重，不要把上引号、下引号、出处去掉，当作是自己的想法讲述出来。

唯有懂得尊重其他创作者，你才算站在创作的起点上。

不管你要当什么，学着不要先当浑蛋。

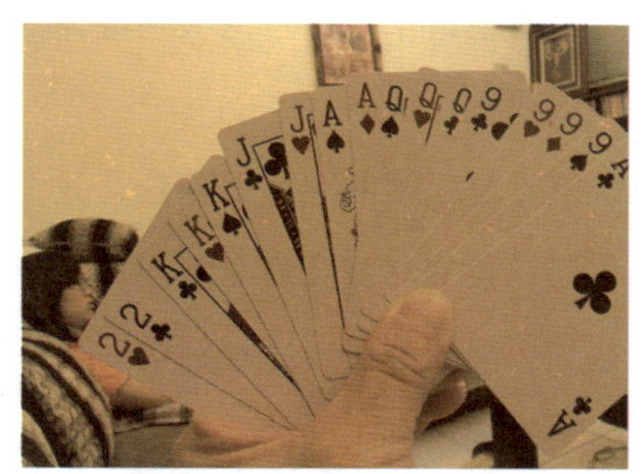

面对跟我赌老大老二，一张一块钱的女孩，
似乎还不知道她毫无机会取胜啊！！！

今天被美国来的文学院教授采访

2009.06.12

今天下午临时多了一个采访出来，是美国的 Central Arkansas 大学（阿肯色科技大学）的 Dr.Maurice，文学院的院长（的样子），他想要在他们学校开一门叫台湾文学的课程，所以特地跑台湾来采访一些作家，在我之前他也访问了白先勇跟李昂。

这位老教授当然是全程讲英文，可他请了一个台湾人当翻译，是个超级的气质大正妹！

真的很有气质，真的也很正，重点是，她的翻译很到位，我觉得简单就能表达的时候我就自己跟老教授说英文（我觉得是坏习惯，毕竟简化过的语言少了很多我的完整想法），但我想看着她说话的时候，我就会……讲中文，科科科，然后仔细听她有没有把我的话翻译正确（某些关键词一定要翻到啊）。

（我觉得听台湾人讲英文，清晰度比美国人要好？大概是因为讲得比较慢的缘故吧。）

结果她都翻得很好，整个就是加分！

至于为什么要写这一篇咧，因为我想写以下这一段……

老教授问我，我自己觉得，为什么我的小说那么畅销，我直接回答："Lucky."

老教授笑了，又问了我一些我的读者大概都是哪个阶层与年龄段的人，我回答了一下后，老教授又问了重复的问题："畅销的关键？"

于是我稍微认真回答了一下，我大概回答了两分钟左右吧？（算很长）

大抵是我觉得其实有蛮多厉害的作家之类之类的，然后我其实也没特别干什么之类之类的……

最后我看向气质正妹翻译，说："好了，你可以翻了。"

气质正妹深呼吸，慢慢转头，对着老教授说……

"……Luck."

老教授跟我当场爆笑出来。

吼！

真的！

翻得很可爱啊！

百元快速理发还不错耶，另外也去看了全智贤的吸血鬼电影

2009.06.16

话说最近还蛮常一个人跑去看电影的，由于动手在写《猎命师传奇》了，脑子里又开始充斥着跑来跑去的吸血鬼，于是前几天一个人跑去看我很喜欢的全智贤演的《血战，最后的吸血鬼》，好像在看卡通，电影前半部要比后半部好看个三倍吧，尤其是一开头的气氛与处理方式……后面就弱掉了。

合理票价 100 元（新台币，约 21RMB）吧。

话说那一天下着倾盆大雨，一个人看电影，虽然还是很享受，不过雨下得太大了，有点觉得自己可怜。

——看电影是要有正妹陪着才是王道啊！

我看完电影，搭捷运回永和，在顶溪捷运站看到一百元快速理发店，嗯嗯，我的头发蛮常剪的，因为是卷发，又浓又密，不剪很容易就变成流氓或蘑菇星人，所以我就抱着“进去打薄好了”的想法，买了一张号码牌坐在外面边等边写小说。

大家一定觉得差别不大吼，不过我觉得还 OK 啦，有清爽！

有点神奇的是，因为不洗头，所以理发师用类似吸尘器的管子在我头上吸来吸去，把发屑给吸走，我摸了一下，啧啧，效果还真不赖！

这是剪发前。

这是剪发后。

马祖的战斗很不错啊，结果真的有点感动呢

2009.06.20

照片都在相机里，可是我忘了带SD卡的读卡器，哭哭。:~

只能先贡献刚刚抵达马祖时，在北竿最高处用手机拍下来的两张照片，雾很大，还好还是顺利着陆了，科科科。

北竿的芹壁聚落很有特色，老东西给人的感觉总是最直接的。

下午搭船到南竿后，住进了日光民宿，这里真的是超棒的啦，我一进去就爱上了我的房间，落地窗超大，视野无敌好。

希望能去马祖住一个礼拜写小说。

简单参观了一下北海坑道，很凉爽、很壮阔，不过我最大的感想是——人类真的愿意为了战争做出各式各样的事情。

晚餐吃依嬷的店，哦哦哦哦哦哦哦哦哦哦哦哦，真的很好吃啊，怎么会那么好

吃啊？老酒黄鱼、红糟炒饭，不过重点当然是演讲，老实说我演讲前去尿尿的时候被一堆中学生包围（一直问我女友是不是超正，吼，废话，当然是很正），心中不禁有点惊，毕竟我“自己觉得”中学生好像比较难接收到我的电波，有点怕等一下讲到一半秩序会乱，没想到演讲时秩序真的是超级好啊，反应也很好，我也罕见地真的快讲满两个小时（通常我只有一个小时二十分钟的额度啊），搞得自己也是超级高兴的。后来的签书秩序也很好，没得挑剔。希望马祖的大家也喜欢我这一次的演讲。

每一次离开台湾去离岛演讲，都有一种奇妙的感觉，那就是，多亏了大家对我小说的喜欢，我才能够拿着麦克风，站在讲台上说一些科科科的话，蛮三八的感觉，但我挺珍惜的。

我在实践大学剧本课上出的期末考考题，大家闲闲的话不妨来写一下

2009.06.26

题目一。

设想一个特别的方式，一个足以让世界毁灭的方式。

这个毁灭世界的事件或方法是什么？创意在哪里？

世界如何应对这一场重大毁灭事件？

需要哪些职业角色？需要哪些关系角色？

这些角色如何随故事的进展有所成长？

如果你打算给一个没有希望的结局，理由何在？

如果你打算给一个逆转胜的结局，逆转胜的方法是什么？

能够透过这个故事，建立一个什么样的主题？

题目二。

如果有一天，你在便利商店买到了一份报纸，拿在捷运上看，越看越不对，赫然发现那是一份五年后“某一天”的报纸，然后呢？

以下提示，但每一个提示不见得需要被作者解释或书写。请利用以

下提示制作故事大纲。

来自未来的报纸的来源为何？

那一份报纸的头条是什么？

如何确认报纸的信息内容的确是来自未来，而非恶作剧？

报纸上哪些内容跟你是有切身关系的？

知道了未来，你会作出什么样的改变？

你会想跟其他人分享这一份报纸吗？

故事的结局？故事的主题？创意在哪儿？

题目三。

组合不同的新闻事件，构成一个拥有完整起承转合的故事大纲。

（并非故事接龙，仅须取“元素”自行构成故事即可。）

新闻一。

一个男子不晓得同居四年的“女友”其实是个男人，随着婚嫁时间逼近，“女友”只好冒险表白。男友知道事实后，决定一起存钱让“女友”做变性手术。

新闻二。

因听信坊间传言，一个女人买凶杀了喝醉的流浪汉，割下他的头熬汤，想借此治好女儿的精神病。

新闻三。

一个女孩去看电影，出来后赫然发现头发被后座的客人剪掉三十厘米，当场吓哭。警方调阅录像带，没有找到可疑的剪发怪客。

新闻四。

一个男生带女孩去海边夜游，遇到了五名恶煞，无端遭到殴打致死，引起社会公愤。五名恶煞七天后落网，制作笔录时几乎没有悔意，其中一名嫌犯甚至只关心女友是否愿意等他出狱。

新闻五。

一个男人在pub看见一个女孩在台上跳舞，被两名外国人毛手毛脚，上前英雄救美后，女孩感激请他进包厢喝酒，女孩大醉醒来后却发现自己躺在宾馆，疑似遭到男人性侵。

奥义："如果怎样，然后怎样？"

考试的目的在于，我觉得"想故事"很有趣，也觉得写完这份考卷就知道故事基本的构造，尤其是第一题跟第二题，基本上你可以组织我问出来的问题，就可以写出一篇短篇小说了。（所以不是要你回答问题，而是请你在尝试回答问题的过程中，去理解为什么你需要回答这些问题。）

题目四。组织五个真实新闻，不是要你运用每一则新闻里的每一个元素，而是请你把五个新闻都当作参考素材，你可以翻转某个新闻，更可以只取用某个新闻中的某一个点即可。不用面面俱到，重要的是，还是请你写出一份完整的故事大纲。（注意！不是请你玩故事接龙！）

比如说，你可以说……

有一个男孩跟着一群狐朋狗友。收到一个母亲的古怪请托，要砍掉一个人的脑袋熬汤治病，于是他们跑到海边埋伏，杀了人之后，男孩被捕，在派出所打电话哭哭啼啼请女友等他出狱。

结果女友说："好是好啦，不过有件事我一直没说……其实我是个男的！"

以上是最基本的，比如还没解释需要治病的母亲与男主角和女主角之间的关系。

请作答！

《杀手五》签书会感想

2009.06.29

谢谢你们的累，谢谢，真的是谢谢。

我们今天从下午 2 点 10 分开始签书一直签到晚上 9 点 40 分才停战，我能做的不过就是……女孩买的简便晚餐一口都没吃，想说如果我吃了就不能算同甘共苦了。:~

谢谢你们来签书会，让我非常感动，到现在都还在回想一些画面。

每次签书会都面临着“速度”的问题，如果我不画画，不写签书会的日期，不拍照，不握手，不跟正妹聊天科科……其实我可以签得非常快、非常有效率，只是如果全都是那样，我应该也不会想办签书会了。

缺点显而易见，就是让大家等得不耐烦，等得脚酸，虽然大家坐在我旁边看我签书的时候，嘴巴都会说不在意、没关系、很开心，但我知道你们是不想我觉得内疚。谢谢你们安慰我的那一份不在意。

这个缺点我大概不会改得很好，老实说，签书会跟大家讲讲垃圾话，乱笑，一起照相，让我也觉得很受鼓励。

写小说的时候其实很习惯孤独，也必须孤独，high 的时候就是发表小说、演讲，再来就是签书会的时候，可是发表小说是很静态的，单纯看着大家的回应，演讲是我一个人单向地狂热，演讲结束后的签书只是一点点小附加，签书会，真的就是我直接从大家的掌心汲取“第一手能量”的黄金时刻，当着大家的面，近距离听着大家说的话，感受着“一直以来我都做了什么”。

是的，一直有着“九把刀签好慢”的问题，这是我的自私，我不是一台签书机，我很享受那种快不起来的感觉。

刚刚签书会结束，吃过庆功饭，我跟女孩赖在一起。

看着她有点烫烫的脸庞，我从《杀手一》的签书会传奇开始说起……

那个时候我还是一个书卖很烂的作家，却……自以为是地觉得“自己很强”，《杀手，登峰造极的画》要在金石堂办签书会前，我兴致高昂地跟当时的经纪人小炘一起准备《蝉堡》[①]，号称非常好看，只要参加签书会买书就可以拿到一份《蝉堡》——当时还是买几本就送几份！

网络上的读者虽然搞不懂《蝉堡》是什么狗屁，但冲着“九把刀说那东西很屌”，网络上渐渐弥漫着“我们要去签书会拿《蝉堡》”的气氛。

还记得我自己在家附近找影印店印《蝉堡》，自己折《蝉堡》，自己装信封，而经纪人小炘也在台北帮我印了《蝉堡》，加买信封，共两千多块钱（新台币），我的经纪公司还不肯付那笔小钱，觉得这笔钱应该是出版社要付而不是公司出，虽然当时很穷，可没脸要出版社给，我

---

①《蝉堡》：《杀手》专属的连载小说。杀手每完成一次任务，都会收到一份《蝉堡》，《蝉堡》次序紊乱，所以杀手们都会交换《蝉堡》。另外，《蝉堡》也是九把刀“都市恐怖病”系列的最后一部作品。

想都没想就自己掏腰包付了那笔钱。

到目前为止，《蝉堡》还是一个非常莫名其妙、无人理解的“怪东西”。

《杀手》签书会的日子到了，据说台湾金石堂的最高人潮纪录顶多六十个人（还是长年的纪录），加上我又是一个超不卖又不帅的作家，所以金石堂在签书会当天顶多只愿意进货一百五十本《杀手》。

我自己估计应该有两百多位读者会到现场，但请店家进货却卖不完，好像蛮丢脸的？所以我也没脸说什么一定卖光光啦请店家加码。

结果……

签书会当天来了三百多个读者，一百五十本书从印刷厂一运到书店，收款机打开就卖光光了。

买了两本书的人好心地卖一本给没买到的人，没书签的人走进书店买我的旧书跟在后面排队，签过书的人回家扛了一箱我写过的书排在队伍之末打算吓我，金石堂附近所有的便利商店的复印机——全都被印到没纸！！！

现场乱玩一通。

从那一天开始我就觉得自己是一个非常幸运的人。

也是从那一天开始，我从下午 1 点半签书签到晚上 8 点。

《蝉堡》的新发展，则是网友 CYM 在签书会结束的当天晚上，在网络上发起的“免费赠送《蝉堡》，但请获赠的人必须继续影印给别人”，将《蝉堡》带到了奇妙的境界。《蝉堡》只是起源自“都市恐怖病”系列中《狼嚎》的一个故事预告，《杀手》系列是《蝉堡》传奇的新起点。

大家动手传来传去的影印版本《蝉堡》，让它飞到了美国、德国、日本、加拿大、中国香港、澳大利亚、英国，甚至是南非。很扯，也很威。人际关系因为一个极为断裂的古怪故事变得很有张力。

《蝉堡》是我一年一度的全力以赴，一年一度的连载，直逼《富奸》，这种古怪的一年一度还会持续个几年。

每次《杀手》系列的签书会，人潮都非常惊人，每次都搞得人仰马翻。

我的读者渐渐长大，虽然还是看我的小说，但很多已经不会再去签书会了。

偶尔出现我都非常高兴。

于是有很多新的面孔不断出现，填补失落。可有很多旧的记忆也不断“翻新”。很多自发地在我身边帮忙维持秩序的老读者，面孔也是换了又换。

有的读者会抱她刚出生的孩子去我的签书会展宝，有的读者带着他的妈妈去看一下到底是谁霸占了书柜，有的读者带着他找到的女孩向我炫耀这才是真爱，有的读者告诉我她新长的智齿弄得她很痛，有的读者专程去看主持人到底是有多正，有的读者喜滋滋地告诉我她终于考上了理想的学校，有的读者会到现场表演才艺，魔术、模仿秀、缩骨功……干还有单纯的耍白痴。

今天有个女读者说了一段让我很感动的话。

“签书会有点疲乏了，所以不会那么常办，才会比较多人。”我边签边说。

“可是刀大，我希望你常常办签书会。”女孩慢吞吞地说。

“啊？为什么？”我诧异。

“因为这样我才可以看到我喜欢的人。”女孩幽幽说道。

我仔细问才知道，原来她跟她喜欢的人都很爱看我的书，也一直都会来签书会，但她不敢表白，觉得会被讨厌，只好祈祷我会一直办签书会下去。

那么可爱，怎么办？

故事说完了。很累的，我跟女孩说……

我觉得自己是一个幸福，也很幸运的人。

幸福，是因为跟你在一起。

幸运，是因为竟然可以被大家喜欢。

人生起起伏伏，我不可能一直都那么受欢迎，幸好我是真的很喜欢写小说。

女孩眨眨眼，说爱我。

这个眨眼就是今天签书会的句点了。

今天负责帮大家照相的小黑，也就是当初发起《蝉堡》赠送活动的读者 CYM，会在这两天准备好相簿空间，上传完毕就可以让大家去抓了。

敬请期待！

之前在冲《猎命师传奇 15》的时候，买了六瓶“纯氧随身瓶”

2009.07.09

如题啊，其实一直都想买纯氧气瓶来吸吸看，我是前两年看新闻得到的启发，新闻上说，有很多高中生会买氧气瓶 K 书，说吸一下就会神清气爽，续航力无限！！！

新闻还在那边靠腰说，由于法规不明，于是很多考生不知道可不可以携带氧气进考场，而大考中心也一时没有决议……

靠，搞得好像在吸毒一样？！我一直想买来试试看，但都忘了。

一直到前一阵子在冲《猎命师传奇 15》，又突然想到氧气瓶很屌的样子，想说终于找到一个借口，于是就到网络上买了六瓶氧气瓶，三瓶是原味的，三瓶是薄荷味的……天哪，氧气这东西也在分口味！

一瓶好像 180 块（新台币，约 38RMB）吧，不知道算不算贵，毕竟没买过，7–11 也没在卖……

我觉得哦哦，好像……没什么感觉耶？

不过可以感觉得到淡淡的薄荷清香，只是……我买 10 块钱的青箭口香糖或来粒 Air Wave 就可以啦！

我举哑铃举到有点喘时，去吸一下氧气，倒是有一滴滴的感觉，但不晓得是不是安慰作用。

写《猎命师传奇》写累了的时候，倒是没想到要刻意吸氧气，因为……因为我长期“禁枪”的关系，不靠氧气也是精力旺盛啊！

结论是有点遗憾。

不过勤俭持家是美德，东西买了还是要用完，为了全世界，我会再接再厉将剩下的三瓶氧气给吸完的！

还是，我买错牌子了？

这个女孩很强
——给 Blaze 作品集的序

2009.07.09

从一个书卖很烂的臭屁作家，到现在大家眼中的畅销作家，我在出版上受了非常多人的帮助，这些人都是非常厉害的怪物。在他们的鼎力相助下，我不由自主科科科地谦虚了起来。

现在这篇序要说的，就是一个怪物与我相遇的故事。

2005 年，我写作后第五年。

书才刚刚有些起色，我妈妈却病了。

陪着我妈做化疗，我在病床旁废寝忘食地写作，期待生命出现转机。某天下午跟我无关的第一届奇幻艺术奖插画类（白虎奖）结果出炉，我上了网站看了许多得奖的作品，打发时间。

当然有很多很棒的作品，但我的眼睛始终移不开一张拥有美妙水蓝色、两个鱼族少女坐在岸边笑看海的画。画很有灵气，却又充满了大气。

看了一下名次，不是首奖？佳作！

我的天，这不是有潜力。

而是——这个严重被低估的家伙，现在就是个高手！

抱着非常害怕被别人捷足先登的惶恐心态，我立刻打了两通电话，请两间跟我合作的出版社务必跟作画的主人联系上，将来看看能不能请他帮我画封面、画插画。

后来才知道那个他，原来是个“她”，叫佳珊，佳珊还有另一个很有杀气的名字“Blaze”（猛烈的火焰），跟我的笔名九把刀还真是有一点搭。

后来得知佳珊是我的忠实读者，表面上她很开心可以跟我合作，但我简直是超爽的。

佳珊不仅画功很强，而且擅长布局，画面的构成有非常丰富的巧思。她喜欢看我的小说，对我的故事有爱，所以画出来的不管是封面还是插画，都绝非“应付出版社编辑的需求”，而是充满了亟欲与我的故事呼应的热情。

佳珊很强。

而且将越来越强。

因为佳珊的强，强在她没有放弃变强的机会。绝不局限，她几乎勇于尝试所有的类型，随着永无休止的接案地狱，画风越来越有延展性，建立起多元的“Blaze 气味”。

这种“绝不局限”的自我挑战，不可能会有“不断重复自己”要来得容易“成功”，但……我还是想说：每个人推到上帝面前的筹码不一样，将来回收的筹码也不会一样。

有一件事，佳珊还不知道。

有些时候，你不会知道，自己不经意间就鼓舞了另一个人。

去年年初我因为某学生抄袭我的小说得了文学奖还卖乖的鸡巴事件，上了报纸头条，彻底地被污蔑让我觉得很度烂，还有几个小人逮到机会群起攻之，害我《哈棒传奇二》写到一半中断。干。那时我连续好几天都在我阿宅小小的内心世界里引爆核弹，想将地球举起来过肩摔。

我愤愤不平的时间，比大家知道的都还要久、久很多很多。

某一天我在网络上看到佳珊接受一群学生访谈的影片，影片中，佳珊提到帮我画插画的经验。她说，也许有一天看九把刀的小说的热情会缓下来，但她觉得随着时间与相处，她发觉真正更吸引她的是——作家的人格。

我精神一振。

这个精神一振，让我从心情的谷底坐火箭冲了上去。

每次想到就觉得很有力量。

大概佳珊会觉得我帮她写序是一个很开心的事。

但，其实我非常高兴，有这样的机会可以表达我对佳珊的感谢。

不是可能。

佳珊的插画绝对会站上国际舞台。

多年后我会猛然惊觉，原来帮佳珊写序，是我这辈子做过的最猛的事之一！

“关于创作”用力的写作未必有用力的回馈，反之，则太爽！

2009.07.16

以下要说的感谢，若说是意外的收获，其实也不尽然。

有些牢骚已经在《杀手，无与伦比的自由》书末的作者访谈中讲得不少了，但比起我真正想说的还是不够。所以我决定用一篇博客，把我这一年来的《写作心魔》说得更清楚一点。

写了五十二本书，要说不知道大家喜欢看什么类型的故事，那是骗人的。我从“管你去死，老子高兴！”一直写到“哦哦？原来大家喜欢看这种的啊？”逐渐摸索出我要如何与这个世界连接的方式。

是的，你没看错——就算我神经很大条，我终究知道了怎么写会受欢迎。

这些年，一边写故事，也会一边建立属于我自己关于创作的论述……而这一套创作的论述也不会是僵硬不动的，而是会渐渐随着我的生命经验有所成长或发生改变。有时候是我沉默写作时不由自主发现的创作理论（当然对有些人来说并不稀奇，但我这个人胜在容易惊讶！），更多时候是我与其他创作者之间发生了某些互动——特别是歧异性的互动时，我发现了“我流的不同”。

我想上一段会有很多人看不懂，所以以下我要进行浩浩荡荡的翻译。

平凡无敌。

《海贼王》《猎人》《七龙珠》《灌篮高手》《第一神拳》《刃牙》《伊藤润二》《好球双物语》《20世纪少年》《泰坦尼克号》《英雄本色》《笑傲江湖》《赌神》《少林足球》《枪火》《黑客任务》《魔鬼终结者》《变形金刚》《铁人》《阿甘正传》《不可能的任务》等等都是我最爱的作品收藏。我彻底了解并承认我是一个品位大众的人，所以写品位大众的小说、带点周星驰气味的语句是相当合乎逻辑的。

虽然白烂，但我也很沉迷自己写出来的小说，这一点尤其让我自high很大！

我喜欢写小说，众所皆知，原本可以是非常单纯的，但随着我这个非常大众的人，一直写着大众小说，渐渐渐渐渐渐发现“哪些类型的小说或者哪种写法的小说特别容易拥有市场”后，这件事会渐渐变得不单纯。

真的，不可能单纯的。

如果我完全按照“就是来写我自己喜欢看的小说”这条路不假思索地干下去，没意外，每一本统统都会是极度大众且广受欢迎的小说，就算被批判“九把刀的小说越来越商业化”，我也没办法，因为我一直觉得……我很羡慕且崇拜《海贼王》，《海贼王》拥有巨大的商业化，却越画越令人热血沸腾，更让人佩服的是——《海贼王》休刊很少！比起某个常常在干漫画家的那一个漫画家，尾田荣一郎真的是人生就是不停的战斗的实践者。

那么?

尾田荣一郎可以，我也想努力跟上。

然而，创作者通常都流着点反骨的血液。

写作是兴趣，想写就写，不想写就去看电影、看漫画跟约会，偶尔演讲打发时间赚外快，我觉得这样的人生很快乐。但单纯的兴趣，竟然让我累积了很多的很热血读者，用力追着看我最新的小说……久了，不禁有点丧志!

你没看错，是丧志!

于是我想加一点“挑战”的性质在这一份单纯的兴趣里，看看有没有办法来点痛苦跟挣扎之类，甚至是接近自我虐待的……说是“鞭策”未免过度自我抬举，说是“追求突破”又太神圣了，我这么低贱我不配，但我就是想要让故事……有所“不一样”。

于是我写了《拼命去死》。

一开始我就设定好了，结局只用几页，自认很酷，然后写作的中间过程且战且走，边写边想，不设限。一方面我觉得非常过瘾，一方面我觉得压力非常大!我正在肢解一个故事怪兽，我想干掉它，但它一直甩着尾巴扫击我的背，还冷眼嘲笑我：“少来了，回你该去的地方吧。”

真的是一个很不容易的故事。我创造一个没有肉体死亡的世界，从几个“微角色”去看那样的世界、那样虚无的人生，却刻意没有给答案。因为不可能有答案，这些答案原本就是希望读者借着故事的情境下去自我思索，我给了，也只是我的答案，却会让读者误认为我的答案就是小说主题的结论，我不想误导，所以决意不给。

不可能有答案，另一方面我又刻意不给解决方式，因为没有解决方式才有办法达到我预定的结局。结局很短，如暂时停止呼吸的流星，如我所愿。

可怕的是，里头除了一位温柔母亲的角色之外，其余每一个短篇的角色，都不算正常，更有极为变态的角色在里头科科科地进行古怪的勾当，这些角色都不可能获得读者的正面认同，而这种写法即使是作者有目的而为之，读者也会认定是作者终于失手。

所以写《拼命去死》的时候，我焦虑的时间，停止敲击键盘的时间，将头狠狠插进沙发枕头里的次数，甚至是看见日出的次数，要远远多过于我写其他小说。我几乎不讲“我很努力写小说”那样的屁话，但《拼命去死》真的是我异常努力写出来的作品。

写完《拼命去死》的时候，我恍恍惚惚看到了日出，一个人开车上了八卦山，走在体育场的大跑道上，呼吸充满阳光的空气，顿时觉得清爽……天哪，我觉得自己酷呆了，竟然完成了这么一部不可思议的作品。

绝对的乱七八糟，绝对的无法预测，绝对的——不一样。

结果？

人生迟早要面对的就是这个结果。

结果《拼命去死》上市后，嗯嗯……对啦，卖得还是很好（如果只说到销量，似乎我是无法抱怨），但评价不意外很两极，大概是毁誉参半。

我很喜欢看大家对我的小说的讨论，非常非常喜欢，从以前到现在，每次在小说发表过后收割大家的读后感，绝对给了我很大的动力，跟巨大的快乐。

当然不可能所有的意见都是好的，不论是哪一个故事，都一定会有故事烂透了、写来骗钱、烂尾之类的读后感，但很少有像《拼命去死》这样落差极大的读后评价，喜欢的很喜欢，觉得未免太屌，度烂的很度烂……或者，度烂得很开心，因为我终于狠狠失手了！见猎心喜，争先恐后地扔石头。

……不跟你装大方，很假。老实说我不知道该抱着什么样的心情，去看待“毁”的部分。我深刻地知道，这一切都是我努力布局得来的异种故事，既然是异种，得到异种的两极评价也是理所当然，但我……唉，还是希望自己的努力可以被大家感受到。

这个世界上毕竟有很多事，不能尽如己意啊！

公平一点来说，我知道，我了解，我明白，有很多创作者都自认非常努力卖命地在耕耘属于自己的故事，论付出的心血或更实际一点的“花时间”好了，其结果都只换来读者的一句“啊？我觉得不好看耶”。

对，这是真的！

这才是真正的公平！

就读者的眼睛来说，作者在写一个故事的过程中到底花了多少时间找数据、吸收数据、反刍数据、构想故事、设定角色、组织流程、想有趣对白、制造冲突与高潮、修改结局，干！都不重要！

只有最后的作品才重要，递交到读者手中的作品吸不吸引人，才是一部作品得到好坏评价的唯一标准。主观，但公平。

然而这种公平即使我透彻明白，也全力认可，但“想来点不一样”的努力并没有获得全面性的“包容”，我觉得很干！

《拼命去死》诞生一个月后，我开始写《后青春期的诗》。

《后青春期的诗》我写得非常随兴，由于题材超拿手，主角跟配角根本就是我跟我朋友的变形，故事发生的背景又大多取材自我的人生，字里行间的白痴幽默又是我日常生活里的白目模样，于是，写作过程中不可能有一丝一毫的困难。

随时随地都可以写。

基本上，写《后青春期的诗》的时候真的太顺了，即使关上计算机时也不需要像平常一样，花很多时间在构思故事上（我想故事的时间，要远远大过于我实际的写作），反正只要一打开计算机，随意插进某一段我就可以写，对白不需要假装苦思，信手拈来就是一句超白痴的话。甚至跟我哥去美国玩的时候，我也照样每天晚上睡觉前写五千个字，吼，写得无比流畅，比烙赛的时候去大便都还要容易！

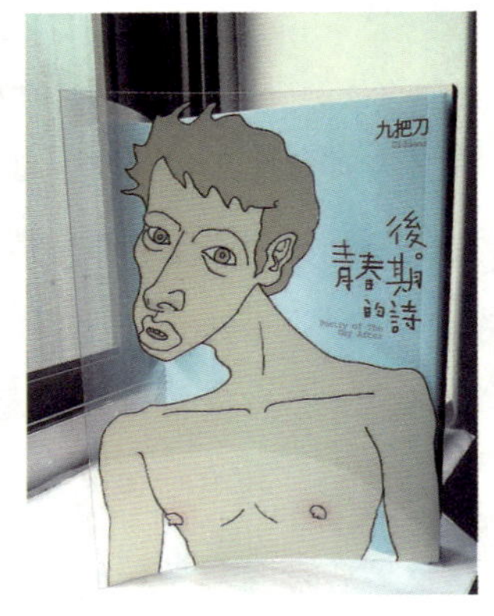

然后就写完啦！

写到最后一章的时候，我甚至还跑去出版社写，写完就立刻交稿。太容易了，行云流水。

结果大受欢迎！！！

我超努力爆肝烧脑写出来的……神形俱灭的《拼命去死》，收割到的评价竟然远远不如我科科科写出来的《后青春期的诗》，叫好又叫座！

当然了我并不是在靠腰《后青春期的诗》是一篇随便写出来的小说，而是说，由于我完全就酷爱青春，且自己也是比佛朗基[①]还超级的热血男子，兼具了“擅长”与“灵魂”，于是写起这本书驾轻就熟，不需要努力，只需要很欢乐，就可以自在地将我想表达的东西灌注在作品中。

——而大家，也绝对会被我埋的灵魂炸弹给撞击到。

一种写法吃力不讨好，一种写法简直过太爽，怎么办？

我的答案是，我都想继续尝试。

很多时候，用一句“作品是很主观的”或一句“见仁见智”就可以打发掉心里的不爽快，反正精神胜利嘛！我也常常很随便地无视很多事情，硬着头皮厚着脸科科科活下去这种技巧我最行了，嘴炮界有谁不认

①佛朗基：《海贼王》中的天才造船师，为鲁夫造出千阳号代替梅丽号。

识我刀爷!

但，面对小说的时候，我就不是那种不痛不痒的人啊。

既然我不是能放下的人，就不能学那些大师放下。

结论是，既然《拼命去死》不是失手，那一定是我自己还不够强，所以才没有办法将《拼命去死》写到让绝大多数的人都觉得既特别，又非常好看!

不够强，所以不甘心，于是更不能停下来。我不想把小说创作当作是关在房间里的自慰，更无法矫情地说我不在乎大家的评论，所以这一份“挑战”便变得格外有意思。

然后我开始写《杀手，无与伦比的自由》。

当然我写得很快乐，也写了非常久的时间。

故事里有我很擅长的黑色幽默、古怪热血、剧情急转直下、东拉西扯在许多故事之间作出超惊人的链接（包括《罪神》！），却又充满我想借此从令人不屑的角度表达的独特自由概念。

故事最要紧就是爽，这次的元素这么多，我果然很爽，写这一次的《杀手》满足了我写故事的种种欲望，又兼具了我一定要放置“主题”故事里的自我要求（算我古板也是）。

但问题是，它还是一个突变种。

很多地方《杀手，无与伦比的自由》的主角一直在跟读者（也可以说是观众，这一本写得尤其像电影）作意识形态的对抗，一直在背离读者的期待，一直在逃避故事的经典法则。一个主角老是在跟读者唱反调的故事，是很危险的，常常我们可以看到受人喜欢的负面角色，如Hydra（“都市恐怖病”系列），如房东（《楼下的房客》），但这一次的主角，啧啧，真的很……

撇开主角，这次我极尽精心布置的结局（我拉了多少巧合与伏笔，去成就倒数第三章的画面！）还是很有可能被说是烂尾，也很危险。

所以我特别在《杀手五》的后面，简单说了一下故事的创作概念，啰唆得要命，哈哈，我就是很怕大家不能理解我运筹帷幄的苦心啊！算是我小看了大家解读故事的能力。

可做了这些，我还是不看好市场反应，也没太看好大家的评论。

大家嘴巴都很会说“好故事就是好故事，绝对没有类型之分”，但现实就摆在那边，爱情小说就是会卖得非常好，热血友情的小说也卖得还可以，爱与勇气卖相也OK，然而开始沾染灰黑色彩的小说就……主角性格有问题的就更……

“好故事就是好故事，BUT……”我在写《猎命师传奇15》的时候，还是常翻着《杀手五》自我沉迷，感叹：

“BUT！

人生最鸡巴的，就是这个BUT……”

果然是个BUT。

这一次我超傻眼的。

《杀手，无与伦比的自由》仿佛预告了下一本《杀手，势如破竹的勇气》，每天都以很可怕的气势刷新我过去的销售纪录，但远远更重要的是，我每天google大家的书评（我这两个礼拜很闲，算是放自己的假，YA！），原来我的担心是一场娘炮……大家的反应几乎是一面倒的精彩！好看！高潮迭起！

我真的超级意外！

不过……帅啦！

总算让我苦心孵出来的畸形外星小孩，看到了很爽朗的风景啊！

哈哈，谢谢大家了，这一次不是我让大家知道好故事就是好故事，没有类型之分，而是你们用力地提醒了我，好故事真的就是好故事，没有类型之分。

我受到你们大家的鼓励了，真的真的。

小说创作的世界很大。

写得越久，累积的作品越多，却觉得还没有写出来的故事更多更多。

太多东西想写了，只是不见得有足够的知识资本、思想程度去接近，只能让我自己慢慢成长。虽然写得爽最重要，但我一定会将“自我挑战”放在我的写作生命里，时不时，我会继续尝试下去，若我失手请提醒我，若我放了一次漂亮的烟火……嗯嗯，别以为我是九把刀就不需要喝彩了。

其实，我的能量一直来自大家啊！

我的尼特族女孩

2009.07.26

一个月前，女孩毕业了。

毕业典礼那天我们还吵架，回想起来，她有一点不乖哼。

话说今年的景气很恶劣，很多人跟我一样，第一次从电视新闻上听到“无薪假”这个名词，报纸与杂志将今年的毕业潮诅咒很大，说2009年恐怕会是历年大学毕业生最感挫折的一年，有很多原可毕业的大学生选择暂时不毕业、留在学校继续念书，避免一跨出校门，就直接踩在失业的起跑线上。

有天吃午饭，女孩看着报纸上的诅咒文，突然有点高兴地抬起头：“把比，我觉得好酷哦。”

“怎样酷？”我接过报纸，随意看了一下。

“报纸都说，今年的失业率会很高，毕业就是失业耶！”

“这样酷个屁？”我失笑。

“嘻嘻，这样以后我就可以跟我的小孩说，想当年，妈妈毕业的时候，台湾正在失业的最高峰呢！”女孩得意洋洋地说，“明明没什么，但这样说好像自己也跟着了不起了呢！”

好白痴，不过好可爱。

仔细一想，女孩的讲法也挺有道理的，我的小说文案有一句：“黑暗时代，参见英雄。”似乎也蛮符合此刻的时代氛围。后来有报纸记者打电话问我，有没有要给今年的毕业生几句建议，我便举了女孩的例子说给记者听，然后附带了一句我写在新书作者介绍里的话：“不要害怕迷惘。应该害怕的是——除了迷惘，什么也不做！”

8 月我们要一起去非洲肯尼亚钓水鬼，顺便看动物大迁徙，长达十天。

在那之前女孩都“没条件”应征正式的工作，总不能女孩工作了一个月，就跟老板说：“嘻嘻，从明天起我要请十天的假！”不能吧？

总之，一切等 8 月肯尼亚之旅结束后再找工作，暂时女孩也乐得不用想太多。

前几天跟女孩到淡水去玩，晚上跟她一起用计算机上 ptt，看到一个网络新闻。

网址：

http://udn.com/NEWS/NATIONAL/NATS3/5034817.shtml

标题：台湾“尼特族”攀升至 18.5 万人

里面有一段这么描述：所谓的尼特族

（NEET，Not currently engaged in Employment，Educationor Training），是指不升学、不就业、不进修或参加就业辅导的年轻族群，最早起源于英国。英国将族群范围定为 16 岁到 18 岁；日本则是涵盖 15 岁到 34 岁。

女孩一边看，一边喃喃说道："不升学、不就业、不进修，也没参加就业辅导……天啊！原来我是尼特族！天啊天啊！我竟然是尼特族耶！"

我用古怪的表情看着女孩，女孩立刻害羞地乱笑，摇来摇去："哎哟，好丢脸哦，你不可以跟别人说我是尼特族哦！嘻嘻！好害羞哦！没想到我也有族耶，我是尼特族耶！"

说是丢脸，不过终于找到了"归属感"，女孩完全就是用相当兴奋的语气啊！

后来我们开车离开淡水，沿途女孩一直很 High。

她问："把比，你是什么族？"

看着前方，我想都不想："天才一族。"

她大叫："不是！你是……SOHO 族！"

我也同意："对啦，我是 SOHO 族。"

她咯咯笑了起来："那我是什么族？"

我只好接："比比是尼特族。"

她乐不可支地说："哎哟！我是尼特族！嘻嘻嘻嘻……"

真可爱耶女孩，真期待以后接你下班的日子……

这个就很严重了

2009.08.04

昨晚我在乱选新闻事件鬼扯时，意外发现有两个新闻事件之间的恐怖关联。

比起那些狗屁倒灶的东西，这两个目前还没什么人搭理的新闻就很严重了！

简单说，就是玛雅古文明预言人类将在 2012 年冬至毁灭。

啊？

从小到大听过很多奇奇怪怪的预言——大洪水、陨石、上帝密码、恐怖大魔王之类的，也很爱看这些关于世界末日的预言书。但其实我没有一次当真。

并不是觉得世界末日是假的，而是，我很清楚就算世界末日真的发生，我也拿它没皮条，既然如此……那我就拭目以待，看看哪一个预言是真的。

然后这一个新闻，让我吓了一大跳。

2012 太阳风暴，美国将首先面对 90 秒的灾难冲击我想代言口香糖。

90 秒太阳风暴？（听起来太阳生气了？）

大量的等离子体高能量粒子？（全部听不懂！）

太阳黑子高峰期？（太阳高潮了？）

好多很猛的名词加起来，感觉煞有介事，如果人类真的要在 2012 年被大怒了的太阳给干掉，好像还蛮科学的？

比起那些没有根据的迷信，这个预言科学得很让人不安啊！尤其刚刚好吻合玛雅世界末日预言的时间点，超毛的……

如果 2012 年真的是无人幸存的世界末日，大家在那之前有什么想法？

我的话啊……

嗯嗯……嗯嗯……

本日我最赛

2009.08.06

刚刚慢跑完，骑机车回家，在路上突然感觉到一团热热黏黏的东西啪地“撞”上了我的右手大拇指。

仔细一看……是新鲜热辣的鸟大便！！！

啊啊啊今天的我果然过得很赛啊……

闻起来其实没什么臭味。

你们都叫我去买乐透，好啊……很好啊……很会出主意嘛……

2009.08.08

结论一：乌大便就是赛，很赛的意思就是不会中乐透，谢谢。
结论二：250 块钱可以买 5 杯咖啡回家了说。

有没有值得信赖的捐款渠道?

2009.08.10

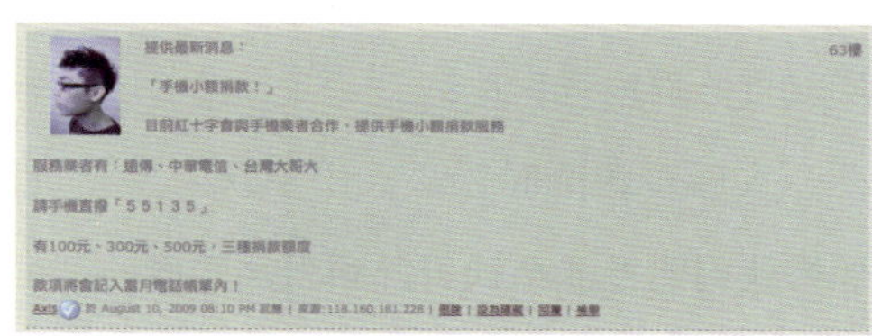

台湾南部地区危急之刻，我觉得现在最缺乏的很可能是实际投入救援的人力，但我知道有机会看到我的博客的人大概都不属于可以直接用肉身冲进灾区救援的人员，然而还是有很多物资是我们可以提供救助的。

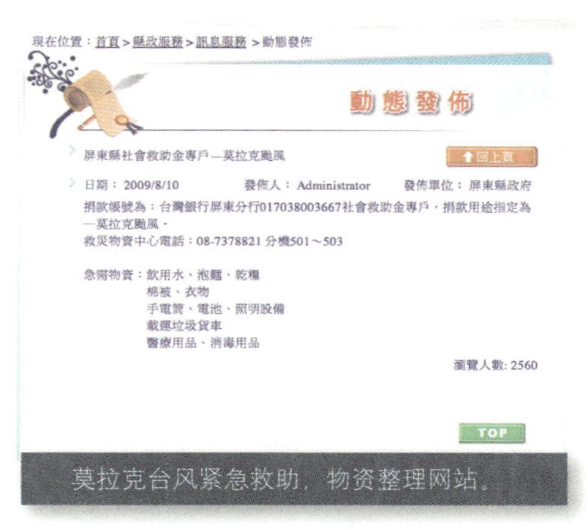

莫拉克台风紧急救助，物资整理网站。

刚刚得知这个汇集很多救灾信息的网页，希望大家可以认真参考一下，看看自己能够提供什么样的协助。

我昨天才从彰化搭车到台北，比起风大雨大的中南部，此刻正在台北敦南诚品吹冷气上网的我，在台北的大街小巷里感受到的氛围，其实非常无法与灾区的绝望联系在一起，这种反差其实蛮恐怖的。

我的想法是，既然有很多人在乔[①]物资了，自认为鞭长莫及的人，干那就直接捐钱吧！！！

灾后重建的时候，灾民不仅需要物资，也需要更实在的救助金吧，如果我们能挹注金钱资源到当地政府的社会局，应该也是不小的帮忙。

说真的，只会对着电视画面说惨说好可怜。或对着网络新闻流泪祈祷，是没屁用的，什么集气都是唬烂的，提供帮助才是真的!

等一下我去捐两万块钱先，明天补三万，大家跟着上！！！

①乔：闽南语，指安排、挪开的意思。

台湾正要不停地战斗，让我们一起并肩作战吧！

2009.08.11

其实自己捐出去的钱不多，但捐出去之前总会想很多，是不是自己这一笔钱真的可以发挥作用？

由于我实在不信任政府的效率，所以……

我很信任世界展望会，也一直每月固定维持捐款，这次也就先捐了三万块过去。

搶救莫拉克颱風水患

非常感謝您透過線上捐款，與台灣世界展望會一同關心世界各地的貧窮兒童，您的付出將為孩子帶來無限希望！

捐獻完成！

捐獻紀錄編號：worldvision159458
名稱：柯景騰
身分證字號(本國人士)：
地址：
電子郵件：
公司電話：
住家電話：
行動電話：
生日：1978-8-25
是否需要收據：是
收據抬頭：柯景騰
付款種類：信用卡(SSL)
下單日期：2009-08-11 13:08:05
捐獻金額：NT$30000.00
捐獻明細：

捐獻項目	捐獻金額
我願意捐款，搶救莫拉克颱風水患	NT$30000.00

让大家参考我自己的思维，我觉得台湾一向很有爱、爱超强，现在民众提供的种种物资似乎很强大了（据说物资大爆炸，但非常缺乏实际帮忙运送物资的壮丁与车辆，就是你！上！），而红十字会的急难救助金，我想还蛮实惠的，可以让灾民自己理性决

您可以點此回到Yahoo!奇摩 公益首頁，或回到 原捐款專案頁

捐款需求

災後重建
發佈日期：2009/08/11
目標金額：7,000,000 | 已募集：1,366,575 | 尚缺：5,633,425
以紅十字會為平台，結合國內NGO組織，協力幫助八八水災災民走出傷痛。
捐款達成率 19%
>我要捐款

緊急救濟物資採購、運送及分發
發佈日期：2009/08/11
目標金額：10,000,000 | 已募集：2,056,948 | 尚缺：7,943,052
提供莫拉克災區受困、撤離家園民眾生活必需之應急民生及衛生用品。
捐款達成率 20%
>我要捐款

急難救助金發放
發佈日期：2009/08/11
目標金額：3,000,000 | 已募集：1,688,434 | 尚缺：1,311,566
提供受災家庭，依狀況不同給予上限新台幣20,000元以內的急難救助金，以解燃眉之急。
捐款達成率 56%
>我要捐款

定如何运用，所以先捐了一万块到急难救助金的项目。

我原本要捐另外一万块给红十字会的灾后重建项目，但我想，有关当局动作很慢，所以乌龟一样的政府至少可以帮到灾后重建吧？（可以吧？可以吧！）于是我又重复捐了一次一万块钱给急难救助金的项目，很白痴。

继续提供捐物资与捐款的信息网页，如下：

PTT Emergency 网页版（9 月 15 日起停止更新），网页非常详尽，大家务必参考，帮助资源妥善分配！（请注意所需物资的类别！）

一直受了很多人的帮助，现在，有能力帮助别人是一件很幸福的事，我在吴念真演讲时，听到的一句话："所谓真正的知识分子，是自己的知识贡献给知识比他低的人，而不是反过来利用知识，去掠夺知识比他不足的人。"①这句话加以延伸，很能体现现在台湾灾区与我们之间的联系，是的，此时是我们一起贡献的时候。

台湾加油。

①请参见《人生就是不停的战斗》中《知识分子的典型》一文。

好吧，这件事说出来还蛮蠢的……

2009.08.12

话说前几个礼拜我去香港和澳门签书时，有一个香港读者（对不起我忘了是哪一位了，是G奶吗？）送给我两盒饼干，是我很喜欢吃的巧克力饼干跟草莓饼干棒，但那两天我回饭店前肯定都把自己吃得很饱很饱，所以也没吃，于是我巴巴地将饼干塞进快要爆炸的背包里，带回台湾。

回台湾后我整理大家送给我的东西，顺手将饼干冰进冰箱（这样吃比较好吃哦！），有点期待。

前几天我晚上肚子饿了，想说……冰箱里有饼干啊，应该不必再买东西回家了，所以只在楼下的便利商店买了一罐冰啤酒（配饼干吃很惬意啊）便上楼。

外盒长这样。

当我兴致勃勃地打开冰箱，想了想，其实我比较喜欢吃巧克力，好吃的东西要留在后面，先解决草

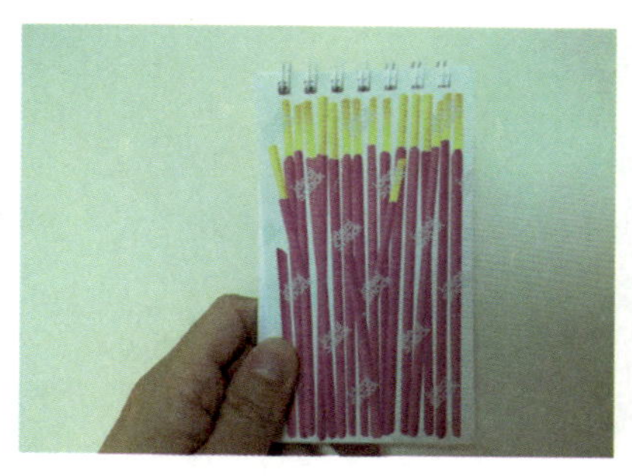

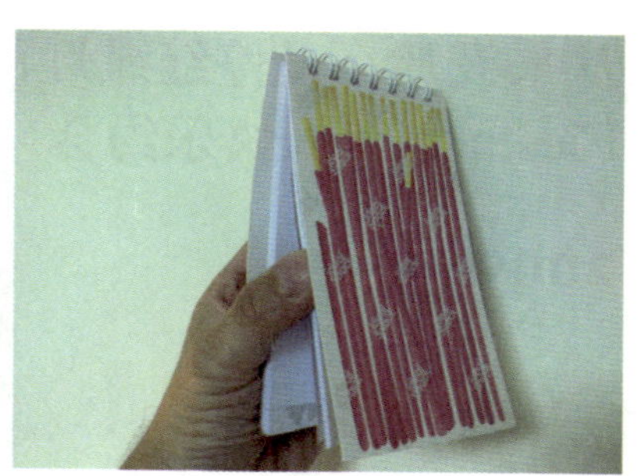

竟然是笔记本！

莓的吧！于是我拿出冰冰的草莓饼干条，打开冰啤酒，跷起二郎腿，拆开饼干包装要吃的时候……

这……什么鬼啊！！！

害我只有喝啤酒，像个酒鬼（哭）。

其实我很懒惰的。

那一包巧克力我还冰在冰箱里……

话说，虽然是依照自去年以来的计划，但还是有点内疚……我明天要去非洲肯尼亚办签书会了，希望台湾的一切渐渐好转。

从来没那么爱停红绿灯，Fiesta给我的快乐约会

2009.08.26

首先，我觉得真是太扯了。

很多男生都很喜欢翻汽车杂志，我也不例外。

以前我常常在汽车杂志上看到有人拍路边停放的未上市新车，投稿给杂志社赚取间谍费，每张好像是三千块还是一千块？那些新车车子身上贴满了黑色胶布，搞得很神秘，又丑，我每每觉得很奇怪，直到……

直到一台贴满黑色胶带的蓝色福特Fiesta试开车，堂而皇之地出现在我面前！

这该怎么说好呢？

我很爱开车，如果不用赶场，任何一个地方的演讲我都会自己开车过去，很悠闲，一个人开车去台南、高雄甚至屏东演讲都是家常便饭，一边开车一边喝冰咖啡每次心情都超好。有时加上女孩坐在副座，演讲之旅就变成甜蜜的约会。

但我在台北租屋，却几乎不在台北开车。

在我的认知里，台北的交通比其他城市要复杂，路上车最多，也最挤，

黑色胶带是重点。

而且车位最难找！更重要的是，我是个很依赖 GPS 的人，而我在台北用 GPS 曾鬼打墙到毁掉过我一次重要的约会，现在回想起来还是想撞墙。

所以我上台北，都是搭高铁。车子有时宁愿就放在台中高铁的停车场。

反正台北大众交通系统很方便，捷运公交车出租车大概都到得了任何地方，顶多为了时时刻刻都可以喝到美味到令人想哭的世界永和豆浆，我买了一台机车。

这次突然有一台 Fiesta 要给我开，我超级兴奋的，在拿车前好几天我就一直在Plurk跟BBS我的个人版上预告我即将拿到一台超大的玩具，但碍于保密条款，我忍得很苦，只能任凭大家乱猜……还有人猜是情趣人形！

超开心的试驾经验。

当然了，身为一个完美的路痴，为了避免到时候瞎开，我特别拔走我自己车子上的 GPS 带到台北，一从厂商那里拿到 Fiesta，我就立刻装上。

车子是天蓝色的，是我非常喜欢的颜色，当初我买自己的车子时也认真考虑过这种让人心情好的选色。但考虑到我其实是一个稳重诚恳的人，最后还是选了低调的灰色（谜之声：放屁！）。

车牌很屌，写了个“试”字。

重点来了，车身更是酷得天崩地裂，黑色的胶带贴得到处都是！超高调！

在街上开 Benz？开 BMW？都不及一台贴满黑色胶带的试开车啦！！

正妹是王道，我玩到新车做的第一件事，当然就是约会啦！

第一站，女孩的家。

第二站，大直美丽华——我买了两张午夜场的 IMAX 厅，要看《哈利·波特 6》。

由于是新车，尤其又不是我的新车，我开得很小心，小心到简直是孬种，所以我对 Fiesta 性能的第一印象仅仅是平顺而已，油门不敢重踩，沿路也没什么厉害的转弯，一般般开。

很怕被偷。

在拿车前，我就有个自觉——这一台车是稀有的“试字车”，容易引人注目，晚上一定要停在停车场，不能停在路边的车格，避免被偷，更避免被无聊人士玩刮刮乐。

可电影是午夜场嘛，晚上 12 点多美丽华的地下停车场已不给进，我只好将车子停在路边，离开的时候心里真的蛮忐忑的，很怕电影看完出来整辆车就不见了。

幸好出来时还在!

这种“怕车被干要赔厂商”的忐忑心情，就是未来几天我内心世界的写照。

这车不能随便停在路边，又不可能去租月租用的车位“省钱”，解决之道当然就是找个可靠的停车场，不停地输入钞票跟硬币。

我住在永和，车子后来就常停在永和四号公园的地下停车场，那几天不意外花了我很多钱！虽然这么说有点矫情，不过花得很值得。

美丽华 IMAX 之旅后，就是小巨蛋小约会之旅啰。

女孩很喜欢看表演，她一直很期待看《歌剧魅影》，但那时我忙着杀《猎命师传奇 15》，忘了这一件重要的事。

幸好，我说过了一百次：“无害善人会健康！”一点不假。

前一阵子我帮万宝龙钢笔拍了一个非常简短的小影片，万宝龙送了我一支圆珠笔，以及……两张《歌剧魅影》的票!

这个连我都大感意外的小惊喜，我也隐瞒着女孩，只告诉她：“这个礼拜天我要给你一个小惊喜，记得把整天都留给我啊！”于是女孩喜滋滋地期待又期待。

结果到了礼拜天，Fiesta 一开到南京东路，满街都是《歌剧魅影》的旗海，女孩非常开心。虽然是借花献佛，但女孩还是觉得我好爱她。真好!

《歌剧魅影》很好看，万宝龙送的位子很棒，就正好在音控师跟摄影师的后面，可以让我一边看表演，一边看后制，很妙的感觉。

不过大幸中仍有不幸。

大便是我的强项。

不幸之一，可惜……女主角太老！！！（对不起啊，我就是这么浅啊）

不幸之二，就是看到一半时我烙赛”[1]了！

台上的男女主角越唱越飙高音，他们唱得越 high，我就越想大便，我的小菊花真的真的收缩得好剧烈啊，烙赛到高点，全身冒冷汗，用力握住女孩的手，女孩还以为我很爱她，但当时我真的好怕啊！

我好害怕满腔热血的大便会因为找不到出口，逆向大爆发，沿着大肠冲回小肠，逆着小肠冲进胃，然后趁我跟女孩偷亲亲的时候，十万大便军从胃里涌射向女孩的嘴！那我不就成了第一个用嘴粪毁了约会的热血男子汉吗？！

再忙也要约会。

中场休息时，我艰辛地向女

①烙赛：闽南话，拉稀的意思。

孩委婉地说："对不起，我要去大便。"

我瞪大双眼，缩紧，缩紧，缩紧，冲向厕所，总算解除了一场危机。

原本《歌剧魅影》之行结束后，我打算载女孩回彰化，一边开，一边玩，反正《杀手，无与伦比的自由》跟《猎命师传奇 15》都已杀青，暂时我可以彻底放空一段时间，没有特别要做什么。

但大完便后，我整个人也冷静多了。

依法，试用车不能上高速公路，只能走省道，走滨海公路，但这种路线好像真的太累了，重点是我用龟速开车回彰化后，几乎又得立刻龟速开回台北还厂商，想了想，我用手指随便在 GPS 上乱按，寻找台北的景点。

"那，我们去猫空看夜景吧？"我眉头一皱。

"我都好。"女孩嘻嘻，"真的哦，我都可以。"

就是啊，最近女孩跟我在流行甜蜜，所以到哪里都很开心。

开车上猫空时，我已没有小心翼翼的紧张感。

我开始放宽心，慢慢感受到 Fiesta 的爬坡劲道。

整体而言 Fiesta 很不错，一般路况时，转弯超顺的，很轻快，不知不觉就很有帅感。但遇到突然升高很多的陡坡时，油门大概需要两秒的反应时间，才能蓄饱动力往上攻。重点是不会攻不上去！

其实操控之类的东西我就不多写了，任何一个开车专家都写得比我好，所以我只想用一句"很好开耶！"蒙混过去，科科科。好玩的是，Fiesta 有"声控功能"，可以用人声语音操作 CD 跟广播，我当然要试试看。我这种偏激型人格是绝不看说明书的，所以我一直按声控，一直跟它玩，看看怎么样才会成功。

举例来说。

“CD！”我大声。

“……”声控不会反应。

“CD Player！”我又试。

这样才行。

猫空的夜景。

女孩跟我轮流玩着声控，看看谁可以成功，气氛很欢乐，一下子就上了山。

猫空的夜景还不错啦，一大片黑黑的，有一点一点亮亮的，嗯嗯，啧啧，但女孩太美了，所以我看夜景时都是随便看一下，大部分的时间都在看女孩的眼睛。

这么美的东西看久了，当然会看到兽性大发，于是我们找了一间山径旁的餐厅吃快炒，吃着吃着，一不小心就点了太多。

点太多东西吃，真的是两人约会的大毛病。饿到发狂的时候我都会误判自己可以吃的东西很多很多，但一看到上菜，每一盘都很雄伟，后悔已来不及。东西难吃还好解决，问题是，都很好吃！

冒着变肥的危险，吃了八成的菜，便一路看夜景兼打嗝，回到永和。

我还有三天可以自由使用 Fiesta，每一天都很珍贵。

尤其我知道另一个试开 Fiesta 的人是一位女设计师，要是我开的里程数输给了她，那不就很丢脸嘛！不！我不能接受！所以我每天都要开车去玩！

第二天，我在网络上的 Plurk 问大家，有车开的话，台北县市可以

去哪里约会。

参酌了网友实时的意见，我将GPS设定在阳明山竹子湖，中午过后慵懒出发。

开了快一个小时，终于到了竹子湖。

感觉真时尚啊！

可是我张望了半天，别说竹子湖了，我连一个普通的池塘都没看到，后来才知道，竹子湖只是个地名，囧。

吃东西无论如何都是重点，在山里吃热腾腾炒出来的山菜（又点太多！），饭后加上一杯……略嫌粗制滥造的冰咖啡，走一走消化一下，真的是很棒。

阳明山真的是一个开起车来心旷神怡的好地方，空气好，大部分时间车窗都摇下来，看到漂亮的风景就停下来亲亲抱抱。

要不是我遇到了那一个很鸡巴的勒索大叔打扰我愉快的约会（请参考我的NOKIA测试报告 http://www.wretch.cc/blog/Giddens/9109900，这一台车，我真的不敢开快），阳明山之旅，我会给更更更高分。

晚餐前，我们依着GPS大神的指示，来到了马槽花艺村泡温泉。

我第一次来，土包子，原以为马槽花艺村是一个又新又贵的温泉度假村，没想到是一个很古老的温泉旅社，双人房房间一个晚上只要1200块（新台币，约254RMB），没有冷气。另外有四人房，一个晚上1600

块（新台币，约 339RMB），才有冷气，但两个人去住四人房，感觉颇为灵异，于是拒绝。

古色古香的双人房，没冷气，但山里阴风阵阵，自有一股令人不寒而栗的凉沁（语文老师声色俱厉：请九把刀注意自己的言行，不要乱用成语！）。当晚我将房间里的抽风机打开，过了二十几分钟就很凉快。

女孩跟我分别去洗男女有别的大众池。

我很喜欢马槽花艺村的大众池，抠掉一堆老男人在那里遛鸟的画面，举目望去，便是大自然的山景，感觉格外悠闲自在。

后来我拿了好几张大众池的折价卷，好像泡一次只要 50 块（新台币，约 10RMB），天啊，50 块耶！未免也太便宜了吧？以后我将自己的车开上台北，也想带我的家人过去泡。

泡汤后，身体变得很放松，肚子也比平常还要饿。

跟女孩一起在温泉旅社里的大厅吃东西（又点太多！），觉得很幸福。

第二天退房前，我又忍不住去泡了一次大众池。白天的大众池风景更棒了。

她很黏我哼哼。

很乡民的 tone。

下阳明山，走阳金公路，我真爱这一个路段。

有好阳光，有好空气，没有什么红绿灯，没有太多车，能要求什么？甚至还有一个好美的女孩坐在我旁边。

车子很顺，要小心不要超速，女孩坐在一旁，嘴巴流口水地睡着了。

送女孩回家后，就得执行一些比较像大人的任务。

拍拍 Fiesta 的宣传照，说说这两天试开 Fiesta 的感想，这些商业合作的任务耗时有点久，让我流了很多汗。也中下了可怕的悲剧！

这个悲剧就是……我的该边①越来越痒……越来越痒……

回家后，脱下内裤，我整个大惊。

我亲爱的该边，竟然整个红肿了起来，分毫不差，是湿疹！！！

回想起来，中午我刚洗完温泉，退房时间已极度逼近，当时我全身还冒着汗，胡乱擦一擦就穿衣服，硫黄温泉水沾在身上我其实也没擦（我喜欢那个气味），就这样开车走人。

然后又在大太阳底下拍我跟车子的互动，拍了许久，我还是一直流汗，流到了后来，汗混着没擦干的温泉水，竟重伤了我至为重要的该边！我很伤心！

这一点也不公平！

男生在当兵的时候，每天流大量的汗，穿着绝对没可能洗干净的内裤，一个礼拜两个礼拜过后，才有可能害该边湿疹。

为什么！

---

①该边：胯下，裆部的意思。

我喜欢没屁股的车。

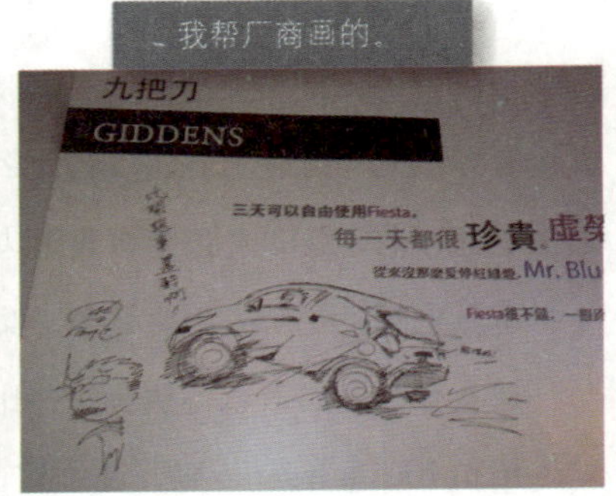

我帮厂商画的。

为什么只一天，我的该边就崩溃了！看着只折腾一天便严重湿疹的该边，我含泪剪短了我的指甲，免得太痒了抓伤。然后展开了在室内绝对不穿裤子，彻底通风的自我治疗。

我深情地看着红红的该边：“答应我，你会好起来。”不只通风，我还将电风扇固定角度，直接密集地吹我的小鸟。

虽然这一段跟 Fiesta 没什么关系，厂商也绝对不喜欢 Fiesta 跟我的湿疹扯上任何关系，不过！我知道大家都很关心我得湿疹的该边，所以我决定继续写下去。

靠着温柔的通风，靠着每天都穿着运动短裤出门，靠着每天换三条免洗内裤，我没有擦任何药膏，就让我的该边在去香港签书会之前，慢慢地好了起来。

我很欣慰。

不过我一想到 8 月我要去非洲，如果在有够热的非洲，湿疹复发，一定生不如死，我觉得……还是找一条软膏抹一下我的该边，彻底治疗一下比较妥当？

于是大前天中午，我去了永和租屋附近的连锁药局（我家也是药局，但我等不及回彰化）。

我一进去，冷气扑面，就看到两个女店员正在聊天。

“请问要什么？”女店员转头。

“我要买治疗湿疹的软膏。”我很镇定，一脸就是帮朋友买的表情。

“哦哦，湿疹。”女店员开始找药。

这时，另一个女店员大声说道：“九把刀！”

我虎躯一震。

“嗯。”我艰辛地一笑。

“九把刀！”那个女店员很惊喜，“我看你的博客，你现在住在永和哦。”

“对啊，我住附近。”我笑笑，冷汗开始飙。

“你就是九把刀哦，我最近在看你的《爱情，两好三坏》耶，看到一半。”第一个女店员一边笑，一边拿出两条软膏，说，“这两条都是治湿疹的。”

“哦哦。”我非常冷静，看着那两条软膏，“那哪一条比较强？”

“……强？”店员想了想，指着其中一条，“我觉得这一条比较好。”

“好，那就这一条。”我想快走，拿出钞票，“多少钱？”

“200 块。”

“九把刀！我们学校校刊社访问过你耶！”另一个女店员锲而不舍。

“真的哦，哪一家学校？”我笑笑。

“卫理啊！”

“哦哦哦哦哦，哦哦哦哦哦就是很有钱、很多正妹的那一家！”

虽然偶尔也会想换女朋友，
不过……算了哈哈！

“哇！”

一阵鬼扯后，另一个女店员回归正题，用同情的眼神提醒我：“九把刀，这个药膏一天至少要擦两次。”

“擦两次？”我的脸上，写着“好的，我会转告他的”表情。

“因为你会一直流汗，药会不见，洗澡也不见得洗对方式，所以药膏要一直擦。患部好了以后，还要连续擦两个礼拜，才会痊愈。”女店员，用了“你”这个关键词。

“嗯嗯。”我的眼睛闪耀着立刻就想逃跑的光芒，付了钱，便快车离去。

我觉得，几乎要好了。

不过我会乖乖继续擦的，毕竟……软膏好大一条啊！

最后一天，我们开车去了淡水。

赶上了淡水码头的夕阳，很美，很美。女孩偎着夕阳的这个笑容，是她的来电大头贴，虽然帮她拍照的那一瞬间，我的该边，在痒。

终于到了最后一段啦！我不想多说一些假专业的话。总之车子很好开，我很喜欢，也觉得开“试用车”很酷，真的很酷！

这辈子我没有这么喜欢停红绿灯。

每次贴满黑色胶带的 Fiesta 慢慢停下，我总可以感受到旁边的人用异样的眼神打量着 Fiesta，有的人偷看，有的人干脆就在我的车屁股后跟了一阵子车，想看个仔细。

虚荣感一百分！

又，台北的大众交通系统很方便，不过自己开车载女孩去玩，当然也很浪漫。

明明我这几天带女孩去的地方，公交车与捷运都可以抵达，但古怪的是，这么好去，除了淡水外我跟女孩以前都没有一起去过，而为了充分享受 Fiesta，我们也顺理成章多了很多快乐的回忆。

能够带着心爱的女孩上天下海，到处积攒快乐的回忆，就是一台好棒的车。

要说建议……

我建议 Fiesta 既然连声控都可以做了，不如……不如……

不如在驾驶坐垫下方做一个无敌通风的软垫，不仅可以调整“小鸟”的温度，更彻底防止胯下湿疹的产生，一定是很了不起的创举啊！

无名良品活动广告

2009.09.02

前一阵子不只跟“影音大赛”特别有缘，也跟“第二届”三个字如胶似漆。

我跑去担任了第二届全民影音大赛的复审评审（比赛结果出炉啰！），也跑去拍第二届无名良品影音大赛的网络宣传广告，担任1/3的代言人。

当天一起拍网络广告的，还有很正的女星关颖和很超级的导演魏德圣。

本来我以为自己的脸皮很厚，没想到看到美女孩还是会害羞，不大敢跟关颖乱讲话，反而跟魏导聊得很愉快。

很多事只要习惯了就很简单。

有些事之所以简单，却不是因为习惯，而是脸皮厚。

很早以前我就知道，如果面对镜头跟闪光灯还扭扭捏捏，只会无限延长自己被镜头凌迟、被摄影师恣意摆布的时间，所以不管因工作需求要我拍平面还是拍影音，都不会因为我太紧张而表现不好——我表现得不好，纯粹是因为我太烂了，哈哈哈哈，跟紧张无关！

我的影片部分一下子就解决了。

关颖很正，我很乐意坐在旁边一直看她念错口条不断重来，可惜关颖一下子就过关。

魏导则充分表现出一个被枪指着头的神枪手的样子，非常紧张，他支支吾吾出错的次数令我相当安心。不过看到后来竟然有点不忍！！！

以下开始离题。

因缘际会，我跟很多位“大家口中的大师”短暂相处过。

从中我发现了一件事。

那些大师不是个性不好，而是非常习惯被奉承、被恭敬地对待，大家看到大师远远走过来，就会像得强迫症一样堆满笑容，让出最好的座位：“×× 老师，请问要喝什么茶？”“×× 老师，欢迎欢迎，今天看到您实在是太高兴了……”

那些大师并非主动希望活在一个备受尊崇的环境，但社会已经非常习惯给予这些大师极大的尊敬与礼数，希望大师开心，希望大师觉得不虚此行。

我们给大师这些尊敬与礼貌，不见得不是发自内心，毕竟有些人的兴趣就是崇拜别人啊，有些人基于职业需求就更扭曲了，他们必须专讲好听的话给大师听。

但你相信我，我跟这些“大师”相处过的经验告诉我，真的很怪，强者如我也会感受到“妈的，必须尊敬一下这个人！”的诡异压力，觉得“如果将来我想好混一些，我最好把握机会巴结一下眼前这位大师”！于是无名现在广告机器人超多的，不开心！

希望无名能多关心使用者，是关心！

我也变成了客气魔人。但当我意识到这一点时，我就会觉得自己很可耻，用力踩刹车做回我自己，科科科地跟大师“自然相处”。

这个时候，就轮到大师虎躯一震了。

面对我的“超自然”，大师不会直接说破，但会逐渐将他的“很不自然”溢于言表，因为他不习惯有人打算用“不加敬语的句子”跟他说话，离奇的是，这些句子里不只没有敬语，更没有奉承的语气，只有普通得要命的对话。

我反省过，是不是我这个人没什么礼貌的概念，所以跟大师格格不入？

也许我还没有很社会化吧，这对一个创作者来说似乎算好事。

由于我不喜欢自己跟大师相处的氛围，这也让我发誓，以后要是有被错认为“德高望重的前辈”的时候，靠，我也不要去跟人家当什么大师。

大师听起来很老。

大师听起来前列腺有问题。

大师听起来就是嘴巴说谦虚但身体却骄傲得很诚实的那种老人。

大师听起来随时都会被革命掉。

——我不需要被尊敬，所以我不想当大师。

比起来，也被称为“大师”“大导演”的魏德圣，完全没有给我这种“请尊敬我”的感觉。

跟魏导聊天很普通，虽然我很喜欢《海角七号》，也差一点上网去竞标《海角七号》的分镜手稿，原以为我看见魏导时会冲过去跟他说一些崇拜的话，但真正碰上了，却只想平常的聊天。我觉得这是魏导难能可贵的气质。

2011 年的夏天，是魏导的电影战场！

魏导很随和。

不聊天的时候魏导就看他的杂志，我写我的小说。

我喜欢不需要尊敬魏导的感觉，对我来说他是一个好导演就很足够。

拍摄无名良品宣传影片的那几天，美女关颖正好跟言承旭传绯闻。

按照我的个性，虽然不熟但我还是会直接问：“嘿！问一下，你跟言承旭是真的假的啊？”但其实……我对言承旭没有兴趣啊！所以就只是默默地从近距离看着美女，像阿宅一样大方吸着关颖的发香。

关颖小小的，不过穿了高跟鞋后就变成魏导跟我的姐姐。

离题很大！

其实乱七八糟扯这么多，最后一段还是要立正站好，宣传一下这一次的无名良品影音作品大赛。

有好的创意，不拿来实现实在太可惜了。

有好的梗，不拿来吓一吓大家实在太可惜了。

正经八百地宣传这个影音大赛不适合我，我就以我在肯尼亚内罗毕机场，回台湾的班机座位被恶意取消时，我与我的忠仆们席地而坐、又累又饿、山穷水尽、濒临崩溃所拍下来的短片，滥竽充数一下吧，哈哈！

ACTION 是我的新语言！

2009 实践大学，媒体传达设计系，我的剧本写作课又要开张啦！

2009.09.07

各位即将被我上到课的，实践媒传系大二的学生们，你们好。

由于我也当过大学生，很清楚新学期的第一堂课，大家都还没选课确定，所以上课仅仅是介绍一下我打算要干什么。

我干脆写成一篇博客，我的课程内容大概是这样……

前 1/3 的上课以我的演讲为主，如果只是想来欢乐体验营，上到这个阶段就可以打包了。这个阶段以点燃大家对说故事的热情为主，也想实验一下我想实验的特殊东西。

中 1/3 的上课以实际作品分析为主，这时会让大家每一堂课后 20 分钟都写分析感想，毕竟大家实战最重要，嘴炮我一个人来就行了。

后 1/3 的上课以大家的分组报告为主，这时会采取比以往严格很多的小组互评。

给分标准上……

课后的分析感想直接加个人分数的总分。

期中报告以分组团体报告为主，报告的形式一定要用计算机投影片。

印象分数也是直接加总分，不讳言上课比较常发言或特别正的学生会有比较好的印象分数……不然常发言常讨论不就是白痴吗？

期末报告每个人都要交上短片剧本一份，并非团体报告。抄袭就当。

此外，我的基本要求是——大量看电影（尤其重要），大量看漫画，大量看小说。

以下一年前写的这个网页，依然有效，请想选我的剧本课的同学参考。

http://www.wretch.cc/blog/Giddens/7153666 （《实践大学媒体传达设计系，九把刀剧本课要事先看什么》）

看完了这一堆电影跟漫画，我们就是“共犯”了！

上次我只花了20分钟做这件事，就在大家蠢蠢欲动的燥念下宣布下课了。

而我新学期第一天上课是9月8日，那一天我正好有事要去高雄巡视朋友开的租书店有没有认真摆我的书（开幕啦），时间冲到，怎么办？

仔细想了一下，我发自内心地觉得亲自开车去高雄一趟，检查属于我的书柜支持朋友，比我去上20分钟的课程介绍还要重要很多，所以我就将我这期打算要干的勾当写在网络上——当然了，不是个个选课的学生都会提前看到我的博客，所以我汗颜拜托了上学期曾上过我课的班代苍叶，帮我用20分钟回答一下大家可能的疑问……

苍叶不是正妹，不过欢迎正妹去认识一下苍叶。

以下的信息也很重要，甚至比以上所写的课程要求都还要重要。

虽然十年前我也当过大学生，但我当了老师后却没“当过大学生”。

原因不是因为我人很好，而是我自认还没完全将课教好前，我并没有资格当掉任何一个人——除了作业给我抄袭的人跟在上课的时候打手枪的人例外。

无论如何我也苟延残喘教了两个学期，一年之后我当然变强了也更胖了，有了经验，这次我会教得更认真，尤其看了你们的学长、学姐过去一年上课时所作的报告与每次作业的呈现，我对新学期的作业与课堂报告也更有想法（应该说，知道哪些要求是有效的，哪些是我在幻想）。

非常有可能我会教得不错，这么一来，我就应该有那个脸……当掉没天分又不用功的学生（是的，有天分是不可能被当的，很残酷的事实。但没天分却用功也不会被当，真的）。

所以选课的同学请不要因为传说九把刀不当人，所以就抱着欺负老实人的心态选我的课，错了，只有永远对着我亲切微笑的正妹我才真正不会当。

我会努力教课的，至少努力到让被当的人觉得不冤枉。

至于竟然被当的学生也不用太介意啦，身为一个念大学时常常被当的重修男子汉，就在我的线性代数被包晓天老师连续当了四次后，第五次重修时我就真的念会了线性代数哦，科科科！

另外有人写信问我可不可以旁听，其实只要教室还有位置就尽量坐吧，我的经验是根本不可能坐满啦。大学生就是大学生，我只恨自己不是正妹啊！

另外，去年我教课的时候，我正在拍摄电影《爱到底》的《三声有幸》，人仰马翻。

巧合的是，今年我快要教课，此时此刻的我正在写《那些年，我们一起追的女孩》的电影剧本。

虽然没什么逻辑，但希望是个好兆头！

【每日一诗】
高铁上的热可可

2009.09.11

今天下午 4 点，天气晴，GOOOOOOD，

如，往，常，一样我搭了高铁铁铁铁铁……

点了我常吃的魔诗汉堡，一口，两口，共计 14 口，吃光了。

于是诗兴大发儿。

对了，对了，

吃汉堡前我还先吃了生菜色拉，不加酱，健康，满分，

所以是 120 块钱。

往前推，是，的，

我吃的是可口的海洋珍珠堡。小的。

是小的。

大的，会超过 130 块钱。

你知，我知，张友骅也知。

不要问，很恐怖。

重点是，可可，

热的可可，

HOT。

HOT！

有够热，所以我都最后才喝，

一边写着剧本，

一边，

喝着最后的热可可，

为何那么幸福呢？

高铁的通信一直不好，害我，的，

3G 联网，一直一，直，很差，

断！

再断！

心冷，拔掉。

专心写剧本，

台北到了，

热可可，早喝完了。

语文老师鼻要打偶。

好诗！好诗！

【每日一诗】吐吐吐吐吐

2009.09.12

昨天晚上跟出版社，一堆人，吃吃吃吃吃吃烤肉，

喝酒也当然，也当然，

不过没有切切切切切切，只是喝喝喝喝喝喝喝，

很奇怪，真的很奇怪，绝对不是喝最多，的一次，

也许连前十都没有，二十也没有，

可是我！

可是我！

最后竟然吐在出租车上？！

哦哦哦哦哦，哦哦哦哦哦幸好本人是坐着吐，稀里哗，啦啦啦，

所以都，所以都，吐吐吐吐吐在自己的身上，

司机说，干你娘，

我笑笑，说不必找了！

下车后，怎么回家完全没，没印象，

电视上，书上，电影里，都说喝醉记忆空，

直到昨晚，我才相信！

爬五楼，打开门，马上冲进厕所继续吐，

吐吐吐，吐吼依送！

吐吐吐！吐得要起肖！

全都吐——在马桶旁边，

陈某说，笑可出头天，

于是我笑了，也昏了。

醒，来的时候，我睡在浴室地板上，全身脱光光，

脱光光，也是帅，

赶紧冲冲冲冲冲到房间，一看床，大失望！

床上没人，床上没人……床上没人？

床上为什么没有人！

连续剧，都演假，虾小酒后起色心，干了才后悔，

为什么，WHY WHY WHY？

我都失忆了，床上还是没有人！

没有人，没有人，

我喝醉失忆就没有梗，

要后悔，也找不到人道歉，

无限遗憾无限干，

没有梗，只好继续吐，

这次命中了马桶，果然不是圣斗士。

躺在床上睡个觉……

昏迷中，灵光乍现，

我想起，前天我才吃奎宁，干李组长，快点给我出来皱眉头！

李组长：“谁叫我？”

九把刀：“事情不单纯。”

李组长：“果然不单纯，凶手是奎宁。”

就是这个东西啦，害我酒后吐，吐吐吐，吐不完，

醒来后，继续吐，吐吐吐，吐到没东西，

先写到这儿，

每日一诗分上下，真的是，吐太久！

慈善捐款的排挤效应

2009.09.14

前几天我开车的时候，听广播，正好听到褚世莹上李秀媛的节目，长期在协助非营利组织办活动的褚世莹（一个很酷的人！）提到，每次有重大灾难发生，就是各大慈善机构的“寒冬”。

怎么说呢？

比如南亚海啸，各界的捐款大爆发，一下子好几亿美元就到位了，但那时其他的慈善机构所募到的款项就大幅大幅地缩水了，当然南亚大海啸灾情严重，需要庞大的安置与重建经费，但这个世界上还是有很多植物人需要长期赡养，很多罕见疾病需要善款帮忙买昂贵的药，很多颜面伤残的人需要动皮肤手术，很多落后地区需要兴建学校，很多流浪猫狗需要结扎，结果一个超级大海啸，便卷走了大多数的爆发性捐款，让很多慈善机构面临经费拮据的窘境，很多有意义、应该持续做下去的事，一下子便撞了山。

褚世莹提醒听众，也许大家每个月都有计划要捐多少钱出来帮助别

人，但如果统统捐给特定灾害的所用，其他的慈善项目就会被排挤，所以这次捐风灾之余，不要忘了还有很多人同样需要帮忙……

根本不用思考——褚世莹说得很对啊！

台湾人超有爱心的谁不知道，网络上说，上次“九二一”大地震的捐款，台湾人自己也是很热心地狂捐，还有四十几亿还是六十几亿没有用完，放在银行里生利息（待查？）。这次莫拉克风灾，各界善款也是大爆发，一下子涌进了各个机构，慈善物资也堆爆了各灾区的乡公所仓库，老实说，来不及吃就会坏掉了，用也用不完！

钱的事最现实了，现在已经开始出现捐款排挤的效应。

比如这一个新闻：13 年来最惨！喜憨儿月饼 80% 滞销

http://tw.news.yahoo.com/article/url/d/a/090913/8/1r0k5.html

总之，大家别忘了，除了风灾，还有很多需要长期帮助的弱势，荷包抠抠有限，要懂得认真分配每一张你想分出去的钞票。

说起来，我捐钱都是用信用卡固定每个月扣款，因此排挤效应不会出现在我的身上，倒是……我正在写电影剧本跟筹划肯尼亚大便战记的新书，时间会排挤《猎命师传奇 16》（对！但照常维持 10 月一定射出《猎命师传奇 16》的豪愿！）。如此卑微的时间排挤效应。

最后提醒大家：别忽略，我们捐款给某一机构做慈善，该慈善机构会使用善款的 15% 当作行政费用。行政费用自然是需要的：

1. 没道理做慈善的人都得是志工，做慈善，值得我们花钱去养专家。

2. 往往社会缺的不是善款，而是善款的执行效率，有效率的行政值得花钱。但由于不是每一毛钱都会“直接”被用在慈善上，而是有 15% 会跑到行政运作上，所以我们更要慎选受捐款的机构，不然会让不肖机构“赚”很大。

——袖手弱者的人，不能称强者！

为什么我常常像个白痴呢？

科科科，谢谢指教！

2009.09.20

几天前我就知道《中国时报》要写一篇批判我的报道，要我回应，关于什么我跟李昆霖在肯尼亚裸奔，跟互相在对方帐篷前大便很不好之类的，我只觉得好笑，毕竟我又没有欺诈“立委”薪资……

也没有 A 特别费。

也没有 A 国务机要费。

更没有欠缴健保费 300 亿，更加没有诈和，干盖猫缆[①]的人也不素偶。

要怎么写臭我？我也很好奇啦，所以我不想接受采访。

李昆霖的博客我还叫我爸我妈上去看我们在肯尼亚的欢乐之旅咧！

李昆霖版本的肯尼亚游记 http://kunlinjohnlee.pixnet.net/blog/category/1373523（《站在热气球上俯瞰大地，超美的！》）

①猫缆：台北市猫空地区缆车的简称。于 2007 年 7 月 4 日开通，路线由台北动物园至猫空站，全长 4.03 公里，是台北市内第一条缆车。

结果今天被我经纪人打电话叫醒，叫我写个博客响应一下刚出炉的新闻，我很吃力才起床，看了一下……我只能说记者很不用功啊。

我的新好朋友李昆霖都已经将我们的屁股写成博客那么多天了，且李昆霖新开租书店的第一天，就公开在店里播放我们一起在肯尼亚搞笑裸奔的影片（有马赛克啦，马赛克很大，不然遮不住！），也那么多天了，当时别家记者都实时快报——

TVBS，“遛鸟博士”开书店　裸奔片庆开幕

NOWnews，“遛鸟博士”开书店　九把刀裸奔相挺

可《中国时报》的记者到今天才回过神来跟牌，唉，领老板薪水领得很认真，做起事却一点也不积极啊！（对了，哪一个网友火大批不良示范，我怎么看到的都是哈哈大笑说很好玩的回应啊？记者想如此批判可以自己来啊，不要栽赃网友跟你一样没幽默感，可以吗？）

歌手陈绮贞说：“做自己不难，要做一个别人眼中的自己，很难。”

说得很好啊。

我不晓得你们认识的九把刀，是什么模样，不过我自己倒是很清楚……我就是这样啊。

台湾不缺朱天心，因为已经有一个朱天心了。

台湾不缺骆以军，因为已经有一个骆以军了。

因此我要好我的九把刀就是了。

万一我这辈子就顺利成佛了，解脱轮回，不就代表我人生只有这一次！只有仅仅的一次，却不能痛快活出自己，岂不是太遗憾。

人生只有一次，肯尼亚之旅是我玩过的旅行中最棒的一次，好玩到我认真考虑明年要再跟他们一起去亚马孙森林探险……我自己也开始搜集去南极看企鹅的路线规划。我还有一整年的时间可以把我的屁股练起来！（希望不要跟明年拍摄电影的时间冲突到啊……）

站在热气球上俯瞰大地，超美的！

回到这次的肯尼亚之旅，我版本的游记也写好了，内容当然也会有在旷野大地裸奔、大便攻击战等情节，不删不减，超好笑跟超感人的（谜！）。不过我不想随 lag 很大的记者起舞啦，游记内容修订跟照片编排我要等《猎命师传奇 16》写完（10 月！ 10 月底一定出版！男子汉的诺言守护战！）才有时间作近一步的整理，将来也会变成书啊——在肯尼亚互相大便的两个男人!

男子汉常常都会遇到逆境。

但我实在不觉得……这个过时的报道称得上什么逆境啊!

写四平八稳面面俱到含笑拈花的文章不是我该做的事。

这是我一生的战斗。

昨天晚上我跟女孩联手做的意大利炒面哦！

2009.10.31

与《猎命师传奇 16》豪迈战斗中，一切用图说话——

（超好看的！）

其实很简单，就是将冷冻火腿切片，再将芦笋和玉米丢下去热水煮，准备一下，意大利面也是煮熟后，再丢进冷水里收缩一下，然后和着芦笋跟火腿下去锅子里炒，中途再倒一下绿巨人玉米粒下去杀一杀，用三成内力乱七八糟炒一炒，一下子就很香啦！

阿基师推荐的不粘锅果然是好物。:D

怎么一大堆厂商请我写推荐文，就是没有人扔个锅子过来，只要我这个厨房白痴说好用，就一定是超级好用的啦！

我最近在自己煮豆浆，改天拍过程给你们看，科科科。

我自己煮出来的豆浆超好喝的哦！

花 40 分钟搞定的意大利清炒面，
最大的报偿就是这个啦。

那阵子超爱下厨的。

小时候，吹笛子

2009.11.23

很久没认真写个博客了。

最近还是在写电影剧本《那些年，我们一起追的女孩》，已经进化到4.0的版本，相当好看啊！我鼻酸跟大笑了好几回啊，科科科。

剧本写到很多学校的场景，联想最多的当然是自己过去上学的种种情形，奇怪的是，虽然我从小就是一个很乐观的人（好吧，是极度乐观），可回想起来，求学阶段关于尴尬跟恐怖的负面记忆大概占了一半以上？

比如说音乐课。

小学三年级以前的音乐课（那时叫唱游），我超超超爱的，什么课都教的班导师弹着钢琴，带着全班看着唱游课本一直唱歌，从上课钟一响就狂唱到下课钟响，没停过，中间老师还接受点歌，大家想唱课本里的哪一首，老师就弹给大家一起唱。非常欢乐。

可到了三年级，有了专门上音乐课的老师后，音乐课就成了我的梦魇。

首先是五线谱。

老师一开始在教五线谱的时候，我觉得很无聊，没有专心听，暗

暗想说……“啊就统统注音在下面就好了啊？大不了就从最底下数看看嘛！”每次老师在教五线谱，我就在底下画漫画，或沉浸在非常有趣的剧情构思里。

不料五线谱不知不觉开始千变万化，有的蝌蚪突变成有两条尾巴，有的增生出一个点，有的脸色苍白，有的蝌蚪还有两个头？我完全傻了，开始后悔没有好好学五线谱之后，私下恶补了一下，却发现自己还是非常不懂五线谱的运作。

不懂，就越怕。

越怕，就越不想懂。

然后我的致命克星又多出一个……高音笛！

每一个人都要学高音笛这件事重创了我幼小的心灵，即便我趴在地上承认我是乐器智障，还是无法逃过吹笛子的命运。有时候我甚至宁愿故意忘记带高音笛到学校，被老师罚半蹲在教室后面（反正不可能只有我一个人受罚，每次都蹲一排），我也不想吹笛子。

噩梦开始。

小学三年级的音乐课要考“用笛子吹《小蜜蜂》”，我从要考试的那一个礼拜开始，勤劳不辍地补考到期末最后一堂音乐课。站在台上，我用麦克笔在高音笛的孔洞旁写上注音符号，帮助我配合课本上的注音符号注记，慢慢地一个音接一个音吹出来。

有时考到一半，老师就失去耐心叫我滚下台，下个礼拜继续再考。

有时很努力吹完了，老师却冷冷地看着我，什么话也不说，过了很久才说：“你觉得你这样就可以了吗？”虽然很想说“当然啊！”但我还是腼腆地说：“那我下个礼拜再考一次好了。”

就这样，每个礼拜在全班注视下慢吞吞地补考高音笛，考到我的羞耻心都彻底沦丧了。我从满脸通红很想死，考到脸皮毫无感觉地吹着很破烂的《小蜜蜂》，只想着补考结束后我就天下无敌了……

真的！

“《小蜜蜂》的高音笛补考我都可以过了，这个世界上，还有什么是我办不到的？”这种烂句子我都不晓得拿来勉励自己几次，也确确实实得到了很乐观的强力。

四年级也一样，我继续羞耻地不面对音乐课。

考吹笛子，我一定都从第一节屈辱地考到最后一节。

考乐理，我一定想办法抄隔壁同学的答案。

幸好很多人都觉得五线谱很简单，也不觉得音乐课有什么大不了的……再加上我平常美术课都帮大家构图结善缘，印象中没遇上别人不给我抄答案的窘境。

但四年级时我们班（八班）的音乐课是跟隔壁班（七班）一起上的。有时我们搬椅子到七班的教室上，有时七班搬椅子到我们班一起挤，周周轮流。

上音乐课的是一个刚刚毕业的新老师，女的，但一点也不温柔，脾气暴躁，又极度地偏心。七班有一个学生的妈妈是民生小学的明星老师，这个乖宝宝学生成绩好，音乐也异常的强（高音笛算什么？他还会拉小提琴！），因为大人世界里的“关系”使然，这个音乐老师常常叫那个音乐资优生起来回答问题，或根本就在聊天，很快，音乐老师对七班超好的，对我们班就超坏！

（后来这个备受呵护的学生中学跟我同班，慢慢跟我们一群白烂又很不优秀的学生鬼混在一起，渐渐同流合污成死党！幸好他有跟我们瞎混，一起追沈佳宜，不然他一定不快乐。）

每次上课有人讲话，也不管吵闹的是哪一班的学生，我们八班就会被狠刮一顿，七班的学生忘了带课本，可以跟旁边的一起看，要是我们班有人没带，就要罚站。每次上完课，音乐老师就会去跟我们班导师抱怨，说我们班秩序很烂让她没办法好好上课，让我们的班导师觉得丢脸，于是我们就被大骂了很多次。（音乐老师会站在走廊上看完每一场的大骂，看爽了才走。）

有一次两班的学生都在窃窃私语，音乐老师一发飙，竟然歇斯底里大吼起来。

我们两班都愣住了，音乐老师平常就很凶，但这一次她崩溃得太超过了。音乐老师大概也觉得刚刚有点失态，很丢脸，干脆一不做二不休，竟然勒令我们班全班下跪！

下跪耶！

而且是在七班面前，全班下跪！

我不肯，很多人也不肯……或者应该说有很多人都傻住了，不晓得那个偏心鬼是说真的还是假的。但音乐老师继续大吼大叫，凄厉的程度好像屁股坐到图钉上。

她那么气，全班同学于是非常认命，不是一个接一个，而是一股脑统统膝盖着地了。我也是，我也跪了。

我气到整个视线都发黑了，仿佛可以从眼角余光感觉到来自七班学生的讪笑，而音乐老师完全没上课，她把所有剩下的时间都拿来辱骂我们。

整节课，整节课，每分每秒我都在酝酿站起来跟音乐老师对干，在班上每个同学都呈现低头忏悔的状态时（我怀疑只是在放空，因为根本没什么好忏悔的），我的眼神还是一直往音乐老师的脸上射。

只要我用力一站起来，全班同学大概会无条件成为我的后盾吧？会吧？虽然我一定会被老师当狗干，但我被干完之后应该可以抬头挺胸迎接掌声吧？是这样的吧？大家都忍她很久了，说不定只要我当第一个，马上就会有十几个同学跟着站起来吧？是吧！

我一直天人交战，几乎要下定决心战斗的时候，我熊熊想到……学期末我还是得拿着高音笛站在台上吹给这个神经病看耶！五雷轰顶，我整个气馁下去。

民生小学有句明训："今天微笑跟老师对干，明天写联络簿写到往生。"其实很有道理。

现在我回想到这一件事，还是很干很干。

我们一直跪到下课，跪到附近班级的人都在走廊上看我们，那种感觉很难形容，很气，但也有奇妙的集体被虐的快感。我们跪到班导师进来，还遭了一顿大骂。

从那时起我便明确地知道："老师"的确是个备受尊敬的职业，但担任"老师"的人不一定值得你的尊敬，垃圾很多。

有些学生长大以后变成垃圾，跟老师原本就是个垃圾大有关系。

我还没写完。

……高潮来了。

严重被虐的四年级结束，迎接我的五年级，悲惨指数飙到一百。

音乐课已经不算什么了，我被编进去的班级，名字叫"班级乐队"！

班级乐队，顾名思义就是整班都是乐队，负责每天站在司令台旁演奏进场曲、退场曲等给全校同学听。再怎么废，只要你在班级乐队，至少都要学会这几首曲子。

整个五年级都必须练习这些曲子，练到无比纯熟，六年级就要真正上场。

当我知道自己已经踏进地狱的时候，我真的超崩溃的，从小到大我真的没这么吓过，毕竟音乐课一个礼拜只要忍耐一次，可是一进班级乐队的话，那种折磨就会进化成每天的凌迟。

但似乎也不是完全没有转圜的余地？

班级乐队的构成需要多样化的乐器，五年级一开始，大家就要重新分配、甚至重新学习一项新的乐器。对于患有“高音笛手指重残暨五线谱视觉失焦症候群”的我来说，说不定我的救星就潜藏在新的乐器里！

有两堂音乐课，全班都在进行乐器大分组。

有些人原本就会弹钢琴的，若有练到小奏鸣曲的程度就被推去吹口风琴（当时我喜欢的女生小咪就是吹口风琴，好可爱啊～～），更强的话就去拉手风琴。“自认”节奏感强的人就去练习打小鼓，节奏感好加上成绩好……就去打最重要的大鼓。我的记忆力特强，一个学习能力强的女生被叫去练木琴（她很色！不过这不是重点），另一个学习能力强的女生被叫去打铁琴……两个都是正妹。

以上说的都是菁英，高级的人。

如果你是资质普通、又丧失学习精神的贱民，就继续拿起高音笛吹国歌，总之不会因为你很废就放过你。

我呢？我这种废物中的废物，相当觊觎两种新乐器……

一个是三角铁，一个则是传说中的响板。

当我庆幸还有这两种“说它是乐器都觉得难为情的乐器”可以选时，我赫然发现，不只我，也有其他人很想要敲三角铁跟响板的时候，我整个超气的。他们又不是不会吹高音笛，干吗跟我抢这两种“隐藏性极佳”的梦幻乐器呢？

“干！猜拳啦！”我怒了。

猜拳后，大概有一个世纪我的脑袋都一片惨白。

猜拳猜输了，我真的是很崩溃地目送唯二可以解救我的乐器离开我的守备，很想死，很想用脑袋撞墙壁，心中暗暗发誓以后再也不要去上学的时候，新的音乐老师突然宣布了一件大事！

“分在高音笛组的同学注意一下，我们要有五到六个人负责吹中音笛，你们有谁自愿要吹中音笛的，自己先讨论一下，下课前我再过来问你们。”

中音笛？

“不过，如果要吹中音笛，就要自己自费，一支应该是四百块钱。”音乐老师继续补充说明，“还有，因为老师不会中音笛的指法，所以要吹中音笛的人要自己看指法的教学说明书学，不会就互相教，自己练习到会为止。”

当时一支高音笛只要一百块钱，中音笛的价钱是高音笛的四倍，我们才小学生耶，一听到这么贵，很多人就打退堂鼓。

此外，一听到老师也没学过中音笛的指法，也是有很多人露出“自己学岂不是相当麻烦”的表情。

但……连音乐老师也不会？要自己学？

这个大缺陷反而是我的大利多啊！

当机立断是我的强项，马上我就报名了吹中音笛的名额，还用尽力气说服了跟我最要好的几个死党一起买中音笛，把名额占满。

中音笛买来了，包装打开，里面的确有一张黑白印刷的指法教学，印象中说明书写得颇为精简，而我们的任务就是自己将指法学起来。

接下来连续好几个月，我竭力发挥我所有的口舌之能死地求生。

我说服我的死党，不要那么认真学中音笛。

例如……

“干吗那么认真？班级乐队照样混啊！”

“当好学生很无聊耶，你什么时候变得那么听话？”

“吼，学什么指法？乱吹就可以了啦！”

“反正老师又看不出来我们吹得对不对，你那么乖搞屁啊？”

“可以了啦，我们最基本的学一下就好了啊。你看，我也不会！我也没死。”

“唉，中学又用不到。”

我的死党不愧是我的死党，说真的他们不是无脑也不是天真，而是纯粹太讲义气，在我的替身使者“故事之王”的射程里，他们慢慢陷进我精心布置的欢乐废物地狱，甚至被我催眠“假装会吹中音笛其实是一件超酷的事”。

我们一起偷懒，一起偷鸡摸狗，一起乱吹，从头到尾我们只会最最最基本的指法（从最低音慢慢按到最高音），其他的通通放弃。

每当音乐老师经过我们身边，我们的中音笛就自动进入“无声假吹”

的模式。

如果音乐老师的脚步稍微停留久一点，我们就会用眼角余光观察左右两边的人怎么吹，大家将指法调整到尽量一致，以免老师发现。

音乐老师一走，我们就放肆地乱吹一通。

老实说，我非常享受夹杂在乐队里的感觉。当大家都很澎湃地吹奏好听的音乐，我也相当投入地乱吹，表情十足，情绪满分，指法更是飞跃到不可思议的境界，仿佛自己也融入了那激昂的音场，每一个音符都有我的贡献似的。

渐渐地，我们将朝会进场曲与退场曲等学会以后，马上接着学很多首不知道要练来干吗的演奏曲。

音乐老师说，等我们变得更厉害之后，会用那些曲子带我们到处比赛！

“要去比赛耶？”死党们大概傻眼了。

“酷耶。”我只能这么赞叹。

五年级结束，实战的六年级登场。

除了雨天取消朝会外，每一天我们都威风凛凛地在司令台旁演奏。

我敢发誓，整个六年级，在司令台旁边的每一次演奏，我都在乱吹。

后来我们班级乐队也真的去南郭小学参加班级乐队的比赛，有没有得名忘了，但我不可能忘记我努力隐藏在美丽又盛大的音乐中，那种痛快乱吹的感觉！

然后我又想起一件很可耻的事。

五六年级阶段，几乎所有的音乐课都在练习乐队，或准备代表学校出去比赛（此时会额外练一些特别的曲子，不过我一点也不害怕，因为我都不会！），偶尔大家可以坐下来好好上堂课的时候，我也没想过要好好学习。

不好好学习，自然又回到我最擅长的自由幻想世界。

沉溺在幻想世界是很有趣啦，不过当时印象最深刻的，莫过于大家在音乐课上比赛勃起了。是的，你没看错，是我们做错了。

高级的音乐课上，我们六个结拜死党坐在同一排，互相监视，暗中较劲。

规则很简单：谁勃起的次数多，谁就赢了。

附带规则：必须等小鸡鸡软掉又重新翘起来，这样才算完整的一次。

很多很糟糕的烂对话于此诞生：

“你这样不算，你刚刚没有完全消掉就起秋[①]，不算一次。”

“哪不算？我刚刚完全消掉了，不信你问林千富。”

“林千富！”

“好像有完全消掉。好像啦！”

或。

“你唬烂啊？你这样根本没有完全起秋。”

①起秋：“秋（Qio）” 这音在闽南语中是指＂雄性动物发情，或性欲旺盛＂，起秋表示小弟弟翘起来的意思。

“哪没有，整个都硬了。”

“哪有硬，看起来很软，只是变大了。”

“干你戳戳看，很硬好不好！”

“我才不要戳，反正那样不算。”

“……哪有这样的！”

“如果你那样也算的话，我刚刚至少已经秋了十次！”

这些都是从小跟我一起长大的好仆人们，个个忠心耿耿！

或。

“我已经起秋三次了。看一下，作证，我现在完全消掉了。”

“就跟你说你那第一次不算。”

“廖国钧跟郑圣耀都可以证明啊，我三次了。”

“那算你二点五次。”

“靠，那你也要少半次。”

爆烂的，都是一些没营养的垃圾对话。

音乐老师在台上很有气质地教乐理，讲一些伟大音乐家的故事，阐述许多歌曲背后的历史，然而，我们这几个死小鬼就一直在底下反复地勃起、软掉、勃起、软掉，又勃起！

最高纪录是一堂音乐课连续勃起十一次，不晓得这个纪录到底有没有很厉害？

……确实长大后我才知道，其实一直保持勃起才是真正了不起的啊！

我为 Timberland 设计的独家新鞋出炉啦，哈哈哈哈

2009.11.26

帅！

现在我有了一张从任何方面评估都很无敌的大桌子，终于可以来拍一些很漂亮的开箱文啦！

话说两个多月前国际知名的登山运动品牌 Timberland 有个很酷的案子，是找一些强者设计帆布鞋提供义卖，我也参与其中，噔噔噔跑去 Timberland 的台湾总部设计了一双属于我自己的帆布鞋，设计当然有一些限制，但开放出的每一个环节我都很欢乐地挑色、挑材质跟挑搭配（那种搭来搭去的、这边配一下那边对对看的过程，超有感觉的），由于我很喜欢 Jordan 时代的公牛队，公牛队的制服配色也就是灌篮高手湘北队

充满期待地打开，哈哈。

盒子外观，我喜欢那个标志！

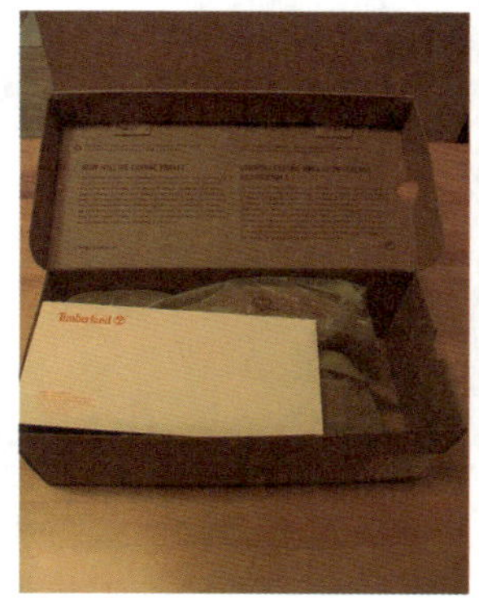

的配色，那种红、黑、白色系联手起来的视觉效果，真的是王道啊，所以我这一次的设计理念就是——重返公牛的荣耀！

盒子的外观，我喜欢那个标志！

充满期待地打开，哈哈！

总经理吴美君给设计者的信。（我看完了吴总你的自传书，很丰富啊，有种跟你很熟的错觉哩，哈哈！）

重点是，这双鞋子全宇宙只有两双，一双我自己穿，另一双将会在

鞋底很厚实的感觉，除了增加我的踢击力外，大概也能帮我增加一点身高吧……太棒了太棒了！

Yahoo 上义卖，大家多多指教！

超喜欢这一双鞋子的，可惜没资格量产，大家就单纯地看我介绍吧，哈哈哈哈哈！

总之就是开心啦！

未来的演讲大家应该可以看到这双鞋很多很多次吧，哦哦哦哦哦哦！

G09 那一层灰色，我觉得很耐看，触感也很好。

G09 那一层灰色，我觉得很耐看，触感也很好。

很漂亮的经典配色吧！

26 是我的幸运数字（以为是 9 吧？也是啦。），当然要用亮眼的红。

白色很抢眼，让艳红色的 26 散发出一种王者气息！！（谜……）

从正面看，那白色相当抢眼。（我承认我的书柜是宇宙第一好看！）

新年，新希望——希望《那些年，我们一起追的女孩》电影开花结果

2009.12.31

又到了一年一度乱讲大话的时候了！

2010 年念起来蛮拗口的，但还是要许愿，“世界和平”这一种悲天悯人的愿望我许了也没用，奥巴马、本·拉登跟金正日三个人手牵手一起也许比较有搞头。“神啊！让我长高吧！”这一种愿望好像属于不切实际的幻想，“禁枪”这种愿望感觉太悲壮，“拜托学校的老师不要讨厌我”这个愿望的期望值又其实掌握在各位同学的手上……

回顾一下自己去年的博客，2009 年跨年时好像蛮随便的，没许什么具体的愿望，毕竟大部分我想做的都可以靠自己的努力完成，拿来许愿的话有点太浪费愿望的额度，哈哈哈！

可是在即将迈入2010年的此刻，想到未来的一年里我想达成的事情里，有一些实在不可能靠我一个人干到底的努力就能成功。如果可以许愿……

我真的很希望电影《那些年，我们一起追的女孩》可以顺利在 2010 年的 5 月开拍，在我最爱的彰化，在我最爱的母校精诚中学，大家在愉快的气氛中完成，然后漂亮地后制——上映。

拍电影，不敢说是我的理想或梦想，我只是乐在其中。但我也不只是想享受拍电影的种种过程，我也希望能够拍出好作品，我的剧本已经写到了四稿，今天晚上我会开始修稿到跨年，剧本非常好笑跟感人——比小说好看很多！（身为小说原著、编剧与导演，讲剧本比小说好看完全没有问题啊！）剧本很棒，过了今天晚上还会更棒，导演我一个人不行，不过在雷孟与廖明毅的帮助下，电影一定会很好看。

选角等部分，收到了很多网友跟经纪公司的报名，也通知了某些人过来试镜，另一方面我也没放弃寻找明星加盟，最后谁演柯景腾，谁演沈佳宜，目前都还是最高机密，等能讲的时候我再好好地说。这阵子大家都在问我这个问题，科科科，希望再过两周所有的角色都能到位！

无论如何，我希望电影能得到大家的祝福。

拜托，拜托……

小说是我的原点，也是我最珍贵的宝藏，当然也是2010年的重点！

1月国际书展，我在春天会出版女孩跟我合作的最新图文书《吃肉的大象》，非常可爱也非常甜蜜哦！（先谢谢Blaze帮我们修图！）在盖亚出版社会出版非常鸡巴的小说《上课不要看小说》（请用生命保护它，不要让老师没收走！）。

2月会出版我跟李昆霖合写的，内含超裸奔与超大便的《在肯尼亚大便的两个男人》。图片很多，猛兽很多，鸟很多，大便也很多，是一本讨厌我的人看了之后保证更讨厌的一本书，想讨厌我的人请千万不要错

“嗯。”

过这本极品!

国际书展也会出版一本算是周边商品的秘密书，很确定的时候我再说明啦。

3 月到 7 月，我会进入电影的世界，蒸发一阵子。

等我再度出关的时候，我会带出《杀手》系列六与《猎命师传奇 17》。还会有一本由春天出版的短篇怪异小说集。（超好看的，不过超好看都是我自己在讲，哈哈～～）

《哈棒传奇二》我之前已经写了两万五千个字，本来一年前就该写完的，却被“汉宁之乱”打乱心情中断，2010 年一定会把它写完。嗯嗯，我大前天重看了那两万五千字，因为太久没看忘了自己写过了什么，结果一看，反而笑得我差点疝气复发。

真、的、非、常、好、笑!

以上是我一贯的人生玩乐计划，也像是“自我期许”，但我也有一些小小小小的“愿望”额度想要花掉。

我希望三天之内我的落枕就可以完全好起来，我好痛!

我希望下个月植牙顺利，我缺右下方一颗臼齿长达 15 年了，唉。

我希望味丹竹炭水不要因为我跑去非洲裸奔就取消代言，我很爱喝你啊!

我希望可以代言 3C 类的东西，靠我是这方面的爱用者跟专家好吗。

我希望我可以代言格斗技……毕竟我刚刚买了拳击靶座，哈哈哈哈哈!

哈哈结果肯尼亚游记还没出版！

最后，我希望我爸爸的身体可以好很多，妈妈不要那么累，奶奶保持史上最强老人的身体，两个咿咿呀呀的侄子健健康康长大，然后把彰化家里弄得天下大乱，然后大家常常来台北找我。

也希望跟我在台北相依为命的柯鲁咪在我出门演讲或教课的时候，一条狗傻傻顾家不要太无聊，但不可以再肥了。女孩呢，希望可以多爱我两倍……三倍也可以！

对了，说到教课，我也希望下个礼拜该交期末报告的同学通通都交出来。

注意！

实践大学的同学注意！

期末作业再说一遍，就是构想一个故事大纲，先写大纲，然后再用“创意、主题、角色”三元素自我分析你构想出来的故事。在三页A4纸以内解决，不可以交出厚厚一摞的东西来吓我。别忘了写上你的座号与姓名，还有绰号。

每次许愿，都许一些天下无敌的怪愿望。

希望味丹竹炭水不要因为我跑去非洲裸奔就取消代言，我很爱喝你啊！

1 月 5 日每一个人都要来考期末考，没考的没道理会过这一堂课。

由于我们会花一堂课让同学报告，所以期末考我预计考到 12 ： 30，如果你想吃午餐，就边写边吃没关系，想尿尿的话可以尿在宝特瓶里，我 OK。

我们一边考试一边点名，我会凭对你的脸的熟悉值加一点分数，以纪念你常常来上课的热情。所以禁止五星级正妹在我点到你名字的时候偷偷电我，逼我变成那种会上《苹果日报》动新闻的禽兽老师，谢谢！

还有，之前答允我要用个人报告代替团体报告的单兵作战的同学，下周也要带过来一并报告，五分钟解决应该不难啦！不要拖下去我分数会不知道怎么打啰。

回到新年新希望。

一个人许愿相当孤单啊，大家呢？

在新的一年里，大家有哪些愿望，又有哪些是非得战斗到底的自我期许啊？

越来越接近倒数了啊！

2010 年

推荐电影《刺陵》

2010.01.06

不得不向大家推荐《刺陵》这一部非常经典的跨年巨作！

首先，必须说明的一个大重点是，《刺陵》之所以成为影史上的经典，绝对不是因为周杰伦要帅，也不是林志玲很漂亮，而是……大家的功劳！（我在说什么啊？！）

这是一个关于冒险的故事，但所谓的冒险不是影片中任何角色的冒险，而是电影公司的冒险——在《阿凡达》《福尔摩斯》《十月围城》的环伺下上片，绝对是一场华丽的大冒险！

男主角表面上是周杰伦（我的偶像，真的是我的偶像，是真的！），实际上周杰伦只是负责串场，巧妙地衬托出其他演员的功力。这样的表演可谓最高境界，也是一个专业演员不居功的具体表现。

女主角是台湾第一名模——林志玲，很正，短短两个字的对白：“可怕！”简洁有力地表现出她的可爱。其实“可怕”是多么平凡无奇的两个字，但到了林志玲的口中，威力如此强大，让我想起了契丹族的民族英雄萧峰萧先生。

江湖上贩夫走卒都会使一套拳法“太祖长拳”，毫无神秘可言，窍门人人皆晓，但这套拳法到了萧先生的手上，他灵活运用，加上内力深湛，竟变成了天下无敌的太祖长拳！“可怕”短短两字，极有效率地让林志玲的演技在瞬间倾泻而出，且短短二十秒内连说了两次“可怕！”更是完全吃定了阿宅的市场。

据“国际票价委员会”的消息来源，林志玲这一句“可怕！”至少占了合理票价的三成。

不过俗话说得好：“凡可爱之人，必有可惜之处。”

林志玲仗着自己正到超凡入圣，完全没有露，完全没有露，完全没有露，完全没有露，完全没有露，完全没有露，完全没有露，完全没有露，完全没有露，完全没有露，完全没有露……

那种感觉就好像用筷子夹起了一块上等的黑鲔鱼生鱼片，送入口中时却发现这块生鱼片温温热热的，吞不吞？

吞，是一定要吞的，因为很贵，但又相当之不甘心啊！

大陆影帝——超级硬底子演员陈道明，在本片中饰演一个有碎碎念习惯的考古学者，从一起冒险的挚友手中继承了长得很像高尔夫球杆的兵器（我怀疑这个兵器是打开古墓的钥匙），并凭着超强的记忆带领曾志伟前往神秘的失落古城。

陈道明是一个相当有原则的人，在所有演员都采取即兴演出、编剧采取即兴写作、导演也采取即兴拍摄的险境下，他依然用最老派的方式诠释片中的角色，与其说是格格不入，不如说是自成一格。

曾志伟饰演一个意志不坚的寻宝人，是全片里最矛盾的一个角色，他为了寻宝，可以千里迢迢从都市绑架林志玲到沙漠（此沙漠究竟位于哪一地带，完全不得而知，但根据林志玲昏迷再醒来的速度可以推想，这个沙漠距离大都市只有一个小时的车程）。

身为一个丑角，曾志伟沿途努力不懈地讲冷笑话："You no good!You no good!"终于拿到了一大堆金条后，大功告成之际，却被陈道明一个老掉牙的故事吓得抛下金条闪人。导演借着这个桥段告诉我们，不要轻易被别人影响，凡能成功者，必有坚持到最后的决心——敢坚持，才有价值！（竹炭水快找我续约代言啦！）

导演没有大小眼，只着重大牌的演出，导演深知"跟班"是本片重要的灵魂。

曾志伟有两个相当贪吃的手下，大概是我终其一生看过的上万电影角色里最贪吃的人物。进到了尘封已久的墓穴后，其中一个手下看到花就伸手拿来吃，吃得自己中毒变成了僵尸！

别说墓穴里的花肯定不是什么好花，就算是在正常的外面世界里，会这样摘花就吃的人也是极其罕见。这样的人能够平安活到进入古墓，已经算是赚到了。

虽然扯，但这种扯是一种必要之恶，极度富有教育意义，我相信看过《刺陵》的小朋友一定会印象深刻，从此不敢在外面乱吃东西，比爸妈谆谆告诫要有效一百倍。

《刺陵》也精准地道出少女的心情。

面对当年一走了之的周杰伦，叨叨怒道：“因为他吃了我亲手做的饼干，却还是走了，一直到现在才回来！”这一怒，让可爱的叨叨从此自我封闭，从一个天真无邪的小女孩，变成一个抽烟姿势十分野蛮的臭八婆。

切记！不要随便乱吃少女亲手做的任何东西！

而后叨叨魔性大发，变成了人人畏惧的沙漠黑帮老大，正如风云所谓：“修道千年，不如一夜成魔！”

这个出场不知意义何在的叨叨，看似深爱着周杰伦，但少女心情多变化，随后帮周杰伦挡了致命的一刀后，火速爱上了砍她的陈楚河。移情别恋的速度看似不合理，但在现实的人生里屡见不鲜，本来爱着骑机车的多年男友，在看见有钱公子哥儿从口袋里不意掉出的兰博基尼车钥匙，便天真无邪地上了公子哥的床。

但在片中，陈楚河究竟是哪一点吸引了叨叨？大家都以为是导演又在刻意留白，错！已经入魔变成男人婆的叨叨，其实是被陈楚河行为举止中的娘炮劲给吸引了，是一种阴阳相吸的自然原理。

说到陈楚河。

陈、楚、河，说完了。

我敢打赌，下一部有周杰伦的华语电影里，还是会有陈楚河。再下一部也会有。

我要特别推荐刘畊宏的演出。

自从上一次在《功夫灌篮》里演出罹患肌肉强迫症的篮球高手后，我就非常留意刘畊宏在大中华戏剧界里的表现，这次刘畊宏的角色名称叫“星期五”——虽然片中没有一个人这么叫他，他也没有自我介绍，但海报上面有写。身为一个名字不是很重要的角色，却拥有全片最亮眼的演出，这就不容易了！

刘畊宏从一出场，就得意洋洋地招认他宰了林志玲爸爸的事实，直接破梗的个性的确是相当地 man，不留一点暧昧空间，更没有假惺惺地演好人再来个大逆转。退场时，更是完全没有任何的退场，是的，一个镜头也没有，刘畊宏就完全地退场了，没有交代，也不需要交代，因为英雄是绝对不会娘娘腔地说再见。

自赌神以降，江湖上流传着一句精彩上联：“龙五的手上有枪，谁都杀不了他。”多年来一直寂寞，无人与对。现在终于出现了这一句：“刘畊宏想走，谁也拦不住他！”可为下联。

为了担任此一吃重的角色，刘畊宏整整苦练了二十年的肌肉，但为了角色诠释上的需求，刘畊宏忍痛包着大量的绷带上场，一出手就与周杰伦打了个五五波。可说是全片最精彩的打斗。刘畊宏这角色明显吃了绷带果实——这个梗我相信没有人看出来，但我十分用心地看电影，所以感受到了编剧考据上的用心良苦。

（线索：沙沙果实能力者克洛克达尔先生，在影片一开始就出场过了，败给了用海楼石磨成的子弹！！！）

话说刘畊宏退场前，目瞪口呆地看着随着龙卷风出现的黑衣人兵团。

这一大批神秘又贫穷的黑衣人兵团出现，他们以灭掉冒险者一行人为目的，却大费周章地用钩子拆了沙漠里的客栈，然后用笨重的流星锤试图砸击陈道明的吉普车与周杰伦的重型机车，面对曾志伟的炸药攻击与周杰伦的霰弹枪攻击，依然没有放弃继续送死，俨然是一场古文明勇敢对抗高科技文明的豪战，俗话说得好："既生《刺陵》，何生《阿凡达》？"

除了"古代 VS 现代"的战斗外，短短五分钟的戏也点出了两个问题。

一、导演点出了常年居住在沙漠的族群资源严重不足的现象。他们不是笨，而是缺乏取得现代兵器的管道，多年来一直使用比篮球还大的超大型流星锤，也不是他们的意愿。他们不是笨，而是缺乏做事有效率的正确方法，与其在那边拆房子，不如直接冲进去杀他一顿。城乡差距一直是发展中国家最严重的社会问题之一。

二、黑心商品无孔不入，究竟是哪一牌的重型机车与吉普车速度如此之慢，会让马匹给追上？又或许是黑心汽油也说不定。导演不只反省了此一资本主义劣化的问题，更有追逐流行话题的敏锐度，让电影更贴近我们熟悉的日常生活。

冒险，当然要有一个目标。

电影中众人汲汲营营的神秘古城，真的是相当神秘，从头到尾没有提到这个神秘的古城是哪一个传说，也没说是谁的墓穴，彻底的神秘，比起那些有名有姓的帝王墓要神秘太多了。

进入这个神秘古城的方法也是绝对的神秘，没有入口，不需要启动任何机关，更不需要破解谜团，只见一个黑色的龙卷风轰轰轰刮到大家头上，接着镜头一转，所有人就已经进入了古城内部，省略了很多累赘的过程（相信我，一路下来看到这个时间点，省略了这些过程你只会松了一口气，盛赞编剧与导演的贴心）。

古城里面的空间很小，大概只有分成“种花区”跟“棺材区”。比起那些动辄密密麻麻的地穴墓场，导演决定将预算省下，集中在……集中在……嗯嗯，集中在更多需要资金的情节上，虽然我不确切知道资金集中到了哪里，但一定是集中到了让本片更加经典的部分！！！

古城种花区的部分说过了，就是种一些不能吃的花（不吃基本上就没事），棺材区就是一个看起来非常不气派的主棺材（同理，资金也是集中到别处去了），由四个鬼魂一起把守。

这四个武功高强的鬼魂究竟是何方神圣？不重要，因为他们到底是守护谁的棺木，那个“谁”都没人关心了，这四个鬼魂到底想怎样也就没人在意。不过他们打不过周杰伦，就犯规附身在林志玲身上，这绝对是性骚扰。

至于周杰伦是怎么打败四合一的邪化林志玲？说真的，我完全忘了，我一定是太震惊了所以失去了部分的记忆。是我自己不好。

神秘古城不只进去神秘，出去也很神秘。只见无肉不欢的陈道明在古城里笑呵呵地逛街，丝毫不理会非常明显的打烊时间，周杰伦、林志林与曾志伟呆呆地说：“再不走就来不及了！”镜头一晃，大家就已出现在古城之外，过程照样省略，绝对不浪费你的观影时间。

不过，我说错了，也不是大家都出现在古城之外，像曾志伟就整个不见了，退场的潇洒程度直逼刘畊宏，终场只留下周杰伦跟林志玲，还有一只骆驼。

林志玲很正，但周杰伦最后没有选择跟她在一起，为什么呢？

——当然是为了拍《刺陵》下集铺梗啊！

最后的最后，我必须说，导演起用新人的包容心相当的大！

不只是演员，电影技术人才的新陈代谢相当重要，一直用老班底，等于没有给新人机会，新人没有练习的机会，于是灯光师一直都是那些人，音效师一直都是那些人，环境僵固，久了电影也会没有新意。《刺陵》如此耗资亿万的大片，导演却愿意给新人很多机会，让我非常佩服！

因为！

《刺陵》的动作指导，明显是中学生！

愿意给予中学生宝贵的机会指导明星演员如何打斗，导演的气度可见一斑。

看完了《刺陵》，那种饱足感一直到现在还久久不能消退。

独乐乐不如众爽爽，推荐给大家，这种大片下载看实在太可惜了，看二轮的也太迟了，一定！务必！千万！绝对！要去看院线的大屏幕版本的《刺陵》才够劲啊！

最后，非常期待《刺陵》下集，更期待刘畊宏与陈楚河再度携手参与演出！

今天去台南家奇女中演讲，超开心的，女中是王道啊！谢谢你们识破我的变态，让我的女生制服收藏又多了一件啊哈哈哈~

我不崇拜技术，我崇拜热情（1）：我的商业化之路

2010.02.17

如同标题，我的品位很大众。

我喜欢看星爷、杜琪峰、麦可贝的电影，我喜欢听周杰伦、五月天、苏打绿，我喜欢看《海贼王》《猎人》《刃牙》等漫画。所以我写出来的东西，在满足我自己的创作欲望的同时，自然而然也走到了大众化阅读的路线。

我希望我的小说有很多人看，不见得我就会为了要让很多人看就刻意猜测大家的喜好，去写出那样的东西，这样也未免太小看了我的志气。

很多人说我很商业化，你们也许以为我会大力反驳，但老实说——我觉得根本商业化得还不够！

不够不够不够啊！

《七龙珠》商业化吗？《海贼王》商业化吗？《20世纪少年》商业化吗？

尽皆非常商业化，我前几天在日本买了半个行李箱的公仔跟插画本、跟（朋友）的布面罩，我超爽的，这些外围商品我都很迷恋，我很喜欢一部作品，也会喜欢从这一部作品不断衍生出来的东西，我也一直都很期

待我的作品可以翻拍成各种形式，与制作出许多连我自己都很喜欢的外围商品。

比如我很喜欢穿 T 恤，我便会一直一直制作跟我的作品相关的 T 恤出来，我爱穿，也爱看很多人一起穿（所以我不在 T 恤上签名，谢谢！）。以前这么做，以后也会继续这么做。

我的小说以后要出人物公仔，我也会很兴奋。

《猎命师传奇》正在进行计算机游戏化，我也热衷期待。

很困难理解吗？这是最诚实的答案。

诗人鸿鸿跨界导演了电影《穿墙人》，很有才华，但别人不会因为他导演了电影就说他从作家变成了艺人（鸿鸿：我躺着也中枪！）。

我写大众小说，想拍的电影也很大众路线，今天不能因为我导演一部电影有很多人注意，媒体会报道（有导演希望电影默默地上映、默默地下片吗？），就觉得我像个“艺人”，而不是一个创作者。我讲话很好笑，不代表我电影随便拍啊。

我的博客跟一般人类的博客根本一样。写生活经验，写今天看了什么电影，写晚上跟女友约会发生了什么趣事。

即使我要广告自己的新书，我也会大大方方地贴出销售链接，请大家去买，什么时候在跟你扭扭捏捏了？这是我的职业，我不仅引以为荣，还以此为乐。

（那么我就来顺势推荐一下“这几本新书跟外围商品”好了，哈哈！）

戴着这个面具写小说，
是灵感源源不绝的秘诀。

问题。

不能因为这个人很受欢迎，就觉得他一定是个假人，如果他不是整天无所不用其极地“扮成”一个大家都喜欢的人，就肯定是被处心积虑“制造”出来的人。

如果我真的很懂得“营销自己”的话，大家应该可以通过很“科学”的方式作出分析，然后复制出另一个很受欢迎的作家吧？

那么就快点公布这个公式提供给许多不爽我的作家参考，将大家复制出很多个我来，不要浪费时间花在“写无谓的创作”上。岂不是大家一起很开心？

谈到营销自己，很多人都有个幻觉，觉得经纪公司在打理我的形象。

干，这对我的经纪公司是个侮辱啊。

我的经纪公司帮助我处理了很多合约上的事，帮我洽谈代言，争取好的待遇，调整演讲日期、安排各种采访时间。可就是没做过形象维护这种事。

我接受采访，经纪人在旁边几乎没打岔过，我爱怎么说就怎么说，访问过我的校刊社随便也有二十家吧？哪一个校刊社社员在访谈我的时候，看过我经纪人在旁边说过“桌上有水，自己喝”之外的话吗？

常常晓茹姐根本就在房间外面忙自己的事，让我自己面对访问。

这样很好啊，我就是我。

半年以内，我唯一有印象的不过是上上礼拜《明报周刊》的郭记者来访问，摄影大哥正在拍我的时候，要我笑。

我只会一种笑，于是我抖着眉毛激烈地笑。

晓茹姐忍不住说："这样拍，抬头纹未免也太明显了吧！"

摄影大哥忙说："我们会事后修！"

不过会不会事后修，我也不在乎啊……

反正那些抬头纹，老早就在我博客上频繁出现了啊！

我有喜欢的商业化，也有我不喜欢的商业化。

比如上综艺节目。

我蛮喜欢跟我的女孩一起看《康熙来了》，但我不喜欢去上《康熙来了》。

我喜欢看《大学生了没》，可是我也不喜欢上《大学生了没》。

原因是我怕生，我尽量逃避所有需要装熟、装热络的场面。我也没有什么八卦可以讲，我讲话也没有那么多梗，重点是我讲的话一定会一直被 bibibi 掉。

我都跟我的经纪人讲说，如果有专访，讲阅读的，讲特殊经验的，谈人生的，我很愿意去，因为我希望自己可以针对某个话题侃侃而谈。

所以我上了《沈春华 live 秀》，希望以后还有更多这方面的机会。

我不崇拜技术，我崇拜热情（2）：很多人讨厌我

2010.02.17

这顶帽子我很爱，在原宿买的，可我去新加坡参加作家节的时候弄丢了这顶帽子，很惆怅、很干，有人可以帮我再买一顶吗？

由于某个地方的讨论串，我知道很多人在等我响应。

干可是我从日本回来后最近要紧的是写《三声有幸》，为了不浪费字，以下这些就当作是新书序好了。所以我尽量写得有条理一些。

往往事实只有一个，却会因为解读的人的心态，而有不同的“看法”。

——这一句话可以当作我以下系列文的宗旨。

最简单的，这一次我将2005年起我在无名博客上发表过的特别有趣、特别白烂、特别有意义的文章集结在一起出书，还一口气出了两本，我觉得相当好看。

但这个时候就会有人猛摇头，说：“已经发表在网络上的东西，还出成书，简直是骗钱。”

雪特咧我骗谁的钱？我在书封面上就明摆写了 “Blog乱写文学”，在博客上宣传这两本书的时候也大大方方写了，除了浩浩荡荡一万字的序、部分与女孩的闪光文是新作品，其余收录的文章都已公开发表过。

骗了谁的钱？

现在有的新小说我不会放在网络上，直接出成书，一定会有人质疑为什么不像以前一样统统放在网络上让人看免费的，一定要逼人去买？简直失了写作初衷（……你又知道我的写作初衷？）。

现在我将博客出版成书，为什么就会被说是骗钱？不说我竟然将可以出版成书的文章免费放在网络上给大家看，简直是太大方？！

虽然我不那么喜欢《火影忍者》，不过培恩这句话还蛮应景的。

培恩："总是事出突然，理由却是事后才加的。"

（培恩这角色我实在看不懂，破解的方法每一回都被找到却都破不了！）

无限扩大改写成："总是个人喜好先行，喜欢与讨厌的理由却是事后才加的。"是不是更贴切啊？

我行动背后的理由，很简单。

那就是，以前我是学生，没有"人要生存"的完整概念，出版社帮我出书的速度又超级慢（写了一年以上才出版，至少就有五本书是这样，《异梦》《功夫》《狼嚎》《楼下的房客》《哈棒传奇》），所以我将作品贴到网络上，可以最快让读者看到、自己也迅速得到"能量"，于是我八成直接贴网络。（等出书是否太慢？）

现在我故事写完了、改完了、校完了，很快就可以出版，很多人买、很多人看，我也有稳定的收入，当然就这样出版愉快。

当然有些故事还是会免费贴网，比如全部的《杀手》系列——主要是我开心贴网分享，而不是呼应任何人的要求。

我感觉到，大部分读者都会理解并接受我这样的做法。

也许这也是一种一厢情愿的信任吧。

只要是不爽我、又不直接明讲的人，硬要拐个弯就会出现很多奇怪的论调。

比如有个作家用很不以为然的语气说，我在盖亚出版社与春天出版社之间跳来跳去，显然是一个“不念旧”的人，暗指我对出版社的忠诚度不够。

以结论来说是对的，我对出版社的确毫无忠诚可言，因为我又不是出版社养的狗，忠个屁？我都直接“讲义气”。

从 2005 年开始到 2007 年，每年都有超过十家出版社希望我跳槽，或给他们“出一本也好”，我很感谢他们的邀约，但我都没答应，因为我很喜欢自己与盖亚跟春天相处的感觉，以前小说卖不出去的时候他们愿意一本一本帮我出，现在大家愿意捧场了，我自然想将成果与他们一起分享。这是义气。

去年邀约的出版社少了，有一次我无聊问我的经纪人晓茹姐：“怎么都没人再邀了啊？我在两加出版社出版，看起来不是有随时跳槽的可能吗？”晓茹姐说：“才不会，你怎么出书都在这两家出版社里跳来跳去，久了，别的出版社只会觉得你对他们超忠心的。”

话说我的读者可以自然发现我在这两间出版社之间的“配书”，自有我的一套逻辑。撇开配书的逻辑，到底是什么心态会让一个作家去酸别的作家“不念旧”？怪得要命。

有的人公开质疑，或暗暗不爽，认为因为我的存在，大家都只看我的书，让许多其他很好的类型作家迟迟冒不出头。

约两年前吧，我跟几个作家私下约一起吃饭，我笑着鼓励其中一个作家。

没想到那位作家用我无法解读的语气说：“可是，我觉得现在大家都只看你写的小说。”

我愣了一下，然后有点难过。

（详文请参考：http://www.wretch.cc/blog/Giddens/5641546《不是滋味的滋味》）

这也可以构成度烂我的原因？

我可能觉得全世界就我最厉害吗？

以下也不是第一次讲了，许多公开演讲里，我至少讲了五十次以下的话：

“你问我厉不厉害？

我会说是，但比起厉害，我更幸运。

为什么？写作很多年后我才被这个市场认同，乍看下好像很不走运，可是台湾还有许多很好、很棒的作品，有很多很厉害、很努力的作家，可经过了很多年，他们还没有被市场看见。

比起来，我终究可以站在众人瞩目的聚光灯下，真的非常非常幸运。

可聚光灯打是打了，有一天也许会移开。

我想一直一直这么幸运下去，所以我会继续努力下去。”

把本土类型小说家无法出头的因素怪罪到我身上，或是怪罪到近几年翻译小说营销能力太强，是不是不大公道？而且也不见得符合事实。

我很欣赏的作家星子，持续不断地开展新的作品，隐隐有大将之风。于我也拥有非常多非常多的读者，象征另一个阅读时代的崛起。橘子的小说越来越畅销，蝴蝶也越来越畅销，既晴始终很厉害，蔡智恒依旧笑眯眯地在写，Lowes 据说受到我的影响开始拓宽他的写作路线……

我不崇拜技术。

我只崇拜热情。

我从来不扛任何意识形态的大旗，我也不打算拯救什么文学，或误以为自己肩负了某种书写的责任，那都是假的，大便之类的自我抬举——那才是诡异的自我营销吧。

我写作，一向都是我自己一个人的战斗。

只是很希望我的战斗可以带来很好的副作用——带给大家生命的勇气。

有惯例，当然也有让人窝心的特例。

就在 2007 年 10 月，《依然九把刀》这一本书刚刚发行之际，我在旅馆里转电视，正好转到公共电视一个谈话节目，由蔡康永访问金石堂营销总监卢郁佳，聊到最近一年阅读风气的特色。

卢郁佳先说了一大段翻译小说依旧很强势的话，然后就说到了“九把刀”这三个字。我虎躯一震。卢郁佳是一个作家，通常……通常从另一个纯文学的作家口中提到我，多半都会说一些九把刀擅长自我营销之类的话。

所以我瞬间就做好听这些批评的心理准备。

没想到，卢郁佳说：“九把刀跟蝴蝶，都是在网络上熬了六七年才开始蹿红的作家，他们都很认真努力，我希望他们走红的时间，至少可以跟他们努力的时间一样长，或——两三倍。”

当下我真的是十分十分感动。

算个短结吧。

本来就打算讨厌我到底的人，即使我这一篇文章诚恳无比，也会因为我说得振振有词，反而加大了讨厌的能量。

怎么办？

那就继续讨厌啊。

我写这些，本来不打算逆转自己被一些人讨厌的状态。

只是可不可以单纯一点骂我干叫我去死，不要用乱扣帽子的方式啊？

（相关文章请见：http://www.wretch.cc/blog/Giddens/4371282《林志颖与周杰伦》）

我不崇拜技术，我崇拜热情（3）：千阳号

2010.02.17

这是这一系列的最后一篇文。

许多人讨厌我，我不想干涉，或讲一些请接受我的澄清之类的屁话。

因为许多人觉得我很度烂的原因，我自己也老早明白——不就是：“这个家伙未免也太自大了吧！”

对啊。

这是我的人格特质，我妈生给我的，我除了拿来自爽外没拿这一点去害过人、压过人、欺负过人，我借此过得非常快乐。深层原因还请见——《人生就是不停的战斗》+《不是尽力，是一定要做到》作者序。

我很平凡慵懒，不感兴趣、提不起劲的事相当多。

不过对怀抱真正热情的东西，我是彻底的实践派。

去年我开始到实践大学教课，教剧本与故事创作。

虽然班上正妹没有我想象中的多，裙子也没有我想象中的短，男女

比例也没有我想象中的 1 ∶ 100 那么爽，可是我非常认真在看待我的课。

学生上台报告，报告的结果若不理想，我不会敷衍地说“下次不妨认真点，数据可以再找多一点”之类的屁话。

取而代之的，下次上课的时候我会重复报告一遍我要求学生报告的东西。比如我要同学报告“周星驰电影的特色”，原以为会很精彩，结果很不精彩，于是我干脆下一堂课，自己又花了一个小时“重新报告”了一遍周星驰。

我相信“人是彼此影响的”。

我很认真，亲自做一遍学生应该做的事，展现态度，学生就会受影响。

于是后面的学生越报告越认真。

看这个博客的，也有正在上我的课的学生，我是不是唬烂很容易被戳破。

我不崇拜技术，我崇拜的，永远都是实践的热情。

我喜欢看到自己的作品正以我信仰的方式迂回进步中，但进步不是我最渴求的，因为我知道只要我不断地进行写作这一件事，说故事的“技术”就会增长。

然而我最在乎的，还是“热情”。

两者得以兼具，多好。

无法兼具时，我绝对选热情。

有些人擅长站在文化菁英的角度，从文学的“深度”去质疑我的存在价值，这些文化菁英使用的“测量标准”从马尔克斯、张大春、骆以军、白先勇一直到终于通过严肃文学界“认证”的金庸。

这些测量标准老实说真是对刚满三十岁的我太恭维了，也许我该谢谢你们用的测量标准那么高档，科科科。

完整引述我将硕士论文改写而成的书《依然九把刀》中，最后一段话：

不论是实体书或网络书写都是金字塔的结构，菁英总是极少数的存在。

也因为网络的自由是这块虚空间最大的美好，最不必要的就是打着文学革命的大旗帜，欲发动精致书写、精致阅读的集体活动，如“救救文学吧！”或“我们才是文学的未来！”之鸣，那种样子，与其说是英勇，不如说是自以为是。

要促使或保留促使学生读者“跳跃阅读”的可能，前文已提过，最老套的做法是提升读者的文化资本。

但要等多久？能有什么实际的教育策略？

省省那种中产菁英式的焦虑吧，我想真正实际的做法，就是作家自己回归自己的灵魂，努力创作出足以勾引不同阅读板块的好作品，让阅读愉快地跳跃，为“好到无须定义的作品”跳跃。

最后，我想跟文学菁英分子的那些人说：“放任对于这样大量的、随兴的、轻松不求进步的书写，就是最简单的，对网络大众书写文化的尊重。”

我喜欢写故事，我就一直写故事。

我不会因为你想要看白先勇的小说，我就去模仿白先勇写故事的方法。

也不会因为你觉得张大春是王道，我就去看张大春的小说临摹气味。

也不会因为你觉得三年写一本书才有淬炼的感觉，我就来个故意写很久。

每个人都有不同的写东西的状态与喜好，真的创作人的话，就该晓得很多事跟一个人的习癖大有干系。

我是写得越快，表示状态越好，于是就写得越好的那一型。

如同我以前说过，台湾已经有一个骆以军了，所以不需要两个骆以军。

我只想要好自己的九把刀。

（详文见：http://www.wretch.cc/blog/Giddens/4304845 《要好我的九把刀》）

也许我无法抓出什么是深度的定义。

更可能的是，我的确可以写出一段不错的、关于深度的定义，但这个定义我很清楚只是拿来辩护自己的立场、反驳别人用的，不是我内心真正的看法。

不过我的确知道……

Dr. 西尔尔克在重兵围困时举起酒杯，欢唱大喊："我的人生，实在过得太充实美妙啦！"

炸药启动，雪山山顶一阵惊天动地的大爆炸！

我哭得很惨，那一天我开始搜集全套《海贼王》。

贝尔化身成鹰，将大炮弹抓起飞天时，他微笑："我是阿拉巴斯坦的守护者，大神隼。凡是与王族为敌者，吾将予以讨伐歼灭……"

天空裂开，薇薇公主跪下。

我在租书店里哭得很崩溃。

悟空走到不断膨胀的赛鲁旁，一手搭着赛鲁的肩膀，一手手指按着额头，笑着对着悟饭说："悟饭，你表现得很好，很了不起哦……帮我向你妈妈说声抱歉！"

我就感到一阵难以言喻的惆怅。

湘北落后山王二十分、球队濒临绝望时，樱木花道卷起纸筒，大踏步跨上裁判桌，大声对观众说出逆转宣言时……

"塞在你们糨糊脑袋的那些常识，对本天才不管用——因为我是门外汉。"

我的卷发简直快冲成直发。

逼近零秒时刻，流川枫快跑上篮，泽北跃起准备要盖火锅的危急瞬间，樱木站在一旁，打开双手淡淡然说："左手只是辅助。"

我的眼泪灼热地掉了下来。

我心底受到的感动，到底是不是有深度？

这份激烈又冲撞的感觉属于我自己，不会假。

你要冷言冷语地说："不过是漫画，又不是经典文学名著。"

我不会反驳，因为它们的的确确都是漫画。

但它们都是我生命的一部分。

江山代有才人出。

每一个崛起的作家都有他的时代意义，也是许多人的共同记忆。

虽然同时得到了许多不屑，但我真的很高兴、也很荣幸自己能够成为许多人念书抽屉里、当兵衣柜里的共同回忆。

一连串的讨论中，我看到有读者说他曾经将我在报纸上发表过的文章剪贴收集，还请我签名（我记得这一件事。这么做的读者，我遇过的仅仅三位而已）。后来他在网络上写，他念了某大学中文系后，由于周遭的文学氛围的特殊压力，渐渐不敢说他喜欢过我写的小说。

我不禁想到，上上个礼拜，宜兰高中校刊社采访我时。

有一个学生问我："有没有看过琼瑶的小说？"

"只有一本，是在我小学的时候，我妈买了一本《六个梦》，我看了，还不错。"

"琼瑶现在不红了，你会不会担心有一天你也会不红了？"

这个问题，大概每次采访我都得回答一次。

可那一次，我想起了我对Mandarin Daily News记者说过的一段话。

（Mandarin Daily News的蔡记者的采访，是我觉得最近一年写得最丰富完整的。）

我对那些学生说，我很喜欢漫画《海贼王》。

有一段黄金梅丽号因受损严重，无法继续航行，鲁夫决定在大海火葬了它。

鲁夫举起火把。

"梅丽，海底很黑，也很寂寞，所以我们要为你送行。"鲁夫这么说。

草帽一行人各自怀念与梅丽号的共同记忆，旁观的我也无法克制地号啕大哭起来。

后来在悲伤的大火中，黄金梅丽号的灵魂竟然说话了。

“对不起。本想永远和大家一起冒险的，但是我……很幸福。”

草帽一行人先是震惊，然后是英雄泪决堤。

“大家一直很爱惜我，谢谢。我……真的……很幸福。”梅丽号微笑，消逝。

也许你曾经喜欢跟朋友聚在走廊，七嘴八舌地讨论九把刀小说的感觉。

也许你曾冒着被没收、被罚站的危险，在抽屉里偷看九把刀的小说。

也许你在当兵站夜哨时，无聊到拿起同袍借给你的九把刀打发时间。

谢谢。

也许有一天你不喜欢了。

也许你甚至觉得说出来很可耻，觉得幼稚，觉得以前真是不懂文学。

也许你连点一下无名刀版，看看有没有免费的垃圾文可以看都不屑。

也许。

也许。

也许有一天你虽然不看了，也会记得微笑，一把火为我送行……

我有我的志气。

纵使我可能已是许多人记忆中的黄金梅丽号，但我更想借着热情慢慢进步。

成为千阳号，继续载着更多人航行到下一站的故事。

所以我想改写一下樱木花道的热血名言。

所谓文学深度、文笔境界、华丽辞藻……那些塞在文化菁英脑袋里的文学常识，对我来说，统统不适用。

——“因为我是门外汉嘛！”

我真的很喜欢收到读者的手写信

2003.01

这几天我密集地收到很多读者的手写信，其中有几封信透露出这是一个学校语文课的作业，老师要学生写信给喜欢的作家，看看能不能得到作家的回信。有回信的话，语文成绩可以加分！

虽然我整个很忙没时间回信（对不起啦，哈哈！），但我其实蛮高兴的。每次我收到来自读者的手写信，不管是在签书会上或是演讲结束时直接拿给我，还是寄到出版社要求转寄给我，我都很开心。每一封手写信都确实地收在我衣柜的布箱子里。

主持人小洁是大正妹！

我喜欢收到手写信的感动。

有多开心呢？

我说个故事好了。

四年半前的某天下午，我特别从彰化开车到台北，参加一个官网网友帮我办的庆生会。虽然是我的庆生会，但我当时的心情很差很差，状态只比丧尸要好一点点。因为我失恋了。每天醒来都不想下床，因为下床也不晓得要做什么，浑浑噩噩地下床后还是有气无力，去小摊子点东西吃，要吃卤肉饭或是鸡肉饭也没有想法，要不要加蛋也没差……

老实说我不想去庆生会，一方面从小到大我都没有开庆生 party 的习惯，另一方面，大家都知道我失恋了，所以一定会安慰我，可是我不想被安慰，被安慰的时候我只会笑笑说："没什么啦，我很 OK 的。"但其实我一点也不 OK，我只想待在家里顾影自怜地打手枪射在地板上。

到了庆生会（这个庆生会的实况在《依然九把刀》附赠的 VCD 里有出现），大家很 high，我纤细脆弱的内心世界虽然很不 high，但看大家这么费心帮我准备派对，我还是很用力打起精神跟大家一起玩。

吃过蛋糕（蛋糕抹了我半边脸），当然就是签名的时间。其中有个男读者拿出一本书请我签名，他说，那本书的主人没有来，他是帮忙转交的，还有一封手写信要顺便给我，是书的主人写的。

"她是个正妹哦！"负责转交的男生强调。

"真的是个正妹哦！"旁边的人异口同声。

"屁啦。"我肯定是这么回答。

庆生会结束，我开车随便找了一间饭店过夜。

印象深刻，睡前我正在房间写《杀手，欧阳盆栽》。

那夜写的是骗神师父与妈妈桑悲情分手的那一段。写着写着，有点

我是读者小黑和他女友的月老哦!

想睡了。躺在床上，我打开那位据说是正妹读者的手写信。信里说，她本来想亲自把书拿给我签名，但后来跟别人有约临时没办法来，她觉得用转交的方式不大礼貌（哪会？），于是写了这封信跟我道歉，并附上了两颗《海贼王》包装的糖果给我吃，希望我开心。

……我觉得，好可爱啊！还糖果咧！

那封手写信底下，有一串她附上的无名博客的链接。隔几天我无聊照打点了进去，发现……

这个女孩不是漂亮型的，也不是可爱型的，也不是气质型的。而是超漂亮型、超可爱型、超气质型！

我整个被迷住了。

众所皆知我喜欢在博客上回正妹的留言，也常常点进正妹的相簿养精蓄锐（我浑身刚猛的正气，就是这样来的），在我失恋到六神无主、天地孤寂的时候，这种变态大叔的行径更是我唯一慰藉心灵的方法，BUT我点过了成百上千个正妹读者的相簿，虽然有的正翻天，有的可爱到爆，有的很妖艳，有的完全就是美女艺人等级，完全丰富了我无名好友列表的收藏，可是，从头到尾只有两个人真正电到过我。

（对了，我不加男生好友的，毕竟……我干吗加男生好友呢？ 我干吗加男生好友呢？）

其中一个，就是这个写可爱手写信给我的读者。

跟所有阿宅的坏毛病一样，我看了整个晚上的她的相簿，每一个相簿都点，每一张照片都点，每一张照片都研究很久，看到后来，慢慢有种“我们已经认识很久了”的甜蜜幻觉。

以前我绝对不相信“一见钟情”这么色的感觉，但从那一天晚上开始，我完全沉迷在正妹的相簿里无法自拔，然后爱上了那个女孩。我变成一见钟情的信徒。

很快，我失控了。

在确认没有约她出去我一定会死掉之后，我去她的留言板上留言：“求求你，求求你跟我去看一场电影。”

我真的很幸运，活了二十八年，写了五年的小说，总算让“写小说”

这一个才能帮我挣到了一个生命出口。

一个男生大喇喇地跑到一个正妹的留言板邀请看电影，成功的概率之低可想而知，被当色狼扣分的机会大到爆炸，老实说我自己也觉得很可耻！无聊男子！变态大叔！恶心！自以为是！

但她说，好吧。因为我是她喜欢的作家，于是她给了我比其他男生多一点点的机会。

也许她一开始只是抱着“跟九把刀出去，好像蛮酷的耶”的想法，也许她只是想打发一个晚上的时间，也许她只是同情我失恋，怕我真的会去死，也许她只是单纯地不知道怎么拒绝，更有可能，她只是真的刚刚好想看那一部电影？

不管怎样，我们出去了。

我们看的第一场电影是《爱狗男人请来电》。内容是什么我真的真的真的没有印象，所以我后来买了DVD回家收藏。

后来的后来，然后的然后，我跟我的宝贝，一起创作了我们的宝贝。

面对次日晚上国际书展的签书会，她真的很紧张，大家一定要给她很灿烂的笑脸鼓励鼓励她哦，如果有什么不周到的地方还请大家多多“包皮”，帮我疼一下我心爱的宝贝，科科科科。

（这一篇博客，完完全全地偏离本来想写的主题！！！）

跟女孩的第一次牵手

2010.03.06

虽然昨天晚上睡觉前跟女孩吵了一架，很闷，不过来台北的车上反复听着电影《忍》的主题曲，还是忍不住很爱很爱她。可恶。

以前在博客里说过了，两人还不熟的话，约会最好的方式大概是一起看电影，看完电影后再去吃个东西，顺序万万不可以倒过来。《忍》到底是我们一起看的第几部电影，我已经忘记了，不过这部电影我给一百颗星，合理票价是一百万。

《忍》在演什么呢？

《忍》是根据日本作家山田风太郎的小说《甲贺忍法帖》改编的，大意是，伊贺忍者与甲贺忍者彼此相斗了四百年，勉强在服部半藏（是的，就是《猎命师传奇》里面的豪爽大忍者！）的调停下签了和平协议，但后来为了某个白痴到不行的政治因素，两族的忍者被迫各自派出十个忍者进行生死斗，看看最后哪一方生存下来，斗争才得以结束。

简单说，剧情就是“十打十”的忍者战。

虽然暧昧最美，但我这个人纤细的内心世界相当急，我一直很怕追不到女孩，宁可尽力缩短暧昧的时间，也想要令每一次的约会，都有一点点进度。

当时我们的进度是，看电影时合喝一杯饮料，理由是："反正每次喝都剩下一大堆可乐，不如一起喝一杯比较不会浪费！"

有点甜蜜，但这种进度不能停滞太久啊！

在看电影《忍》之前，我就大概知道在演什么了，就忍者打来打去啊，

我们爱的结晶。

为了达到今次约会的恋爱进度，我得好好利用一下这么简单的剧情。

"那个，你觉得最后会是甲贺赢，还是伊贺赢啊？"我吃着爆米花。

"不知道耶。"女孩摇摇头。

"我也不知道，不过他们应该是一个单挑一个，所以我们来打赌。"

"怎么赌啊？"约会前期，女孩一直都很顺从我。

"就每次他们单挑之前，我们来猜哪一边会赢，我让你，你可以先猜。"

"好啊，可是我们要赌什么？"

"……这个，先保密。"我压低声音。

"是哦……"女孩显得有点狐疑。

之后就开始赌了。

其实电影的逻辑还蛮好预料的，这个忍者死，那个忍者等一下又被杀，有的胜负超快，一点悬念都没有。加上女孩拥有先押注的权利，很快她就以压倒性的比数赢了我，就算剩下的忍者打斗都被我猜到了我也无法扳回。

那么，我酝酿已久的无赖招数就……

“这是输给你的。”

我将我的手伸到女孩那边，将她的手指扳开，握住我的手。

“啊？”

女孩显得有点吃惊，脱口说出我永远都不会忘记的两个字：“是哦。”

是哦……那是什么意思？

好像有点不屑？还是我的企图早就被猜中？

正当我脆弱的内心世界开始崩解的瞬间，女孩的头靠了过来。

她用蚊子般细微的声音在我耳边，说了超神奇的两个字：“谢谢。”

谢谢？谢……谢三小？

谢谢我牵她？谢谢我把手输给她？

我不懂！！！

不管了，也没办法管了。

我牵着她，牢牢地。

真的不敢放开。

直到她的手心跟我的手心之间已经都握出了汗，我还是不敢松手。

生平最胆小的时刻莫过于此，我很怕我一放开了女孩的手，下一次要鼓起勇气牵住她，不知道又会是什么时候。现在我能做的唯一正确的事，就是绝对不放手。

“你的手好软。”为了缓和尴尬，我故作轻松，“好好牵，超好牵。”

“谢谢。”女孩僵硬地为我的色狼行径道谢。

电影散场。

我们将吃不完的爆米花跟喝不完的可乐丢到垃圾桶里，我还是不敢放开手。

可是等到我们走出放映厅，我感应到女孩的手微微挣扎。

我心中一惊。

“对不起，可不可以松开一下？”女孩的表情有点不自然。

宛若五雷轰顶，我有种要从悬崖上自由落体的幻觉。

“我……”老实说我完全忘记我讲了什么，可能是道歉。

我觉得好悲惨，表错情，完全误判了情势。

也许再约十次会，多聊十次天，那时再顺其自然地牵手成功概率比较高，现在用这种乱七八糟的强迫牵手策略，根本就太轻浮了不是吗？

我完蛋了啦！

“不是，我只是想换一只手。”女孩腼腆地说。

“谢谢。”这次轮到我郑重道谢。

一直牵着，一直牵着。

小心翼翼地玩着她的手指，试着从她的手指反应推敲她有没有喜欢我。

她的手指很被动，令我捉摸不清，虽然能牵手得逞很开心，但有点心烦意乱。

直到开车送她回宿舍时我也不打算放弃牵手，想说单手也可以握方

New York City

向盘。

“我真的舍不得放开，应该说，我不敢放开。”我老实地说，“我怕等一下下车，我要牵你，你就不给我牵了。”

“哎哟，我答应你等一下还是可以牵啦。”女孩有点害羞。

“真的哦？”

“真的。”

后来，我常常开车到静宜大学找女孩，只为了牵一下她的手。

牵一牵，说一下子的话就觉得天下无敌了。

我觉得好幸运。

一见钟情后我就一直很担心，万一女孩的手不好摸，对很爱牵手的我来说，那该怎么办才好？毕竟我都中招了，无法自拔了，命运之神才向我宣布：“不好意思，这次是一双很难摸的手！”那我只有含泪接受的份儿。

幸好担心是多余的。

女孩的手真的好好摸，是顶级的美女的手哦！

顶级的美女手哦！

因为我妈妈说我怎么一直没更新，所以乱更新一下！

2010.02.14

哦哦哦哦哦哦因为噗浪太方便了，加上忙着演化电影剧本，所以博客就疏于更新啦！

今年大年初三我们全家开车到垦丁玩，塞车只塞了一点点，好险，大部分的时间都蛮畅快的，过年期间垦丁人很多，超有过年的气氛啊～～～

我们算是老弱妇孺团，所以不会去玩漆弹或是卡丁车那种操劳肾上腺的活动，大部分时间都在悠闲地晃来晃去，不过海洋馆虽然去过了还是要再去啦！（恰巧都避开了塞车路段，爽！）

两个小侄子是家族旅行的主角，任何时间，每个人都想玩他们两个，非常受宠啊，不过我们家不会把他们宠成锐宝贝，科科科～～～

去天然沼气区（忘了地名）烤爆米花，如此乡民的行为，我们家当然没有错过，不过我弟把他那一份爆米花烤到整个烧起来，算是白痴了。

台湾人真的很好笑，我也是，到了那种地方，不是烤番薯，就是烤爆米花，还有人烤蛋，靠真的是太爱吃的一个种族了，完全没有人在那里研究自然科学。

不过我妈叫我一定要写的是，乡公所造的这一座桥，实在是太唬烂了！

这一座桥每过一次，一个人要收 10 块钱，10 块钱是不多啦，可我们家八个人过桥就要 80 块钱，折合四根棒冰了说，但过了桥，我们可以看到三小呢？

请看！

没了，往前走也是差不多的样子，干真的是太黑心了啦！堪称是垦丁最黑心的收钱景点啊！我在桥的回端吃了一根冰激凌，至少听了三十几个从桥那边回来的游客大骂乡公所没品，明明什么鬼东西也没有竟然还敢收钱……实在是扫兴啊。

无言的过桥风景。

P.S.：报告妈妈，我写功课了，科科科。

家族旅行实在是很棒啊，尤其晚上我打麻将赢了 5400（新台币，

其实都焦了。

Umi 很开心。

Nami 比较害羞。

女孩这一张很电，电死我 ~~~~

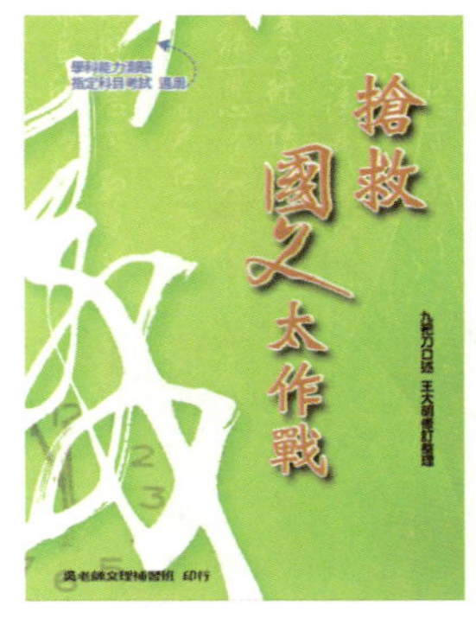

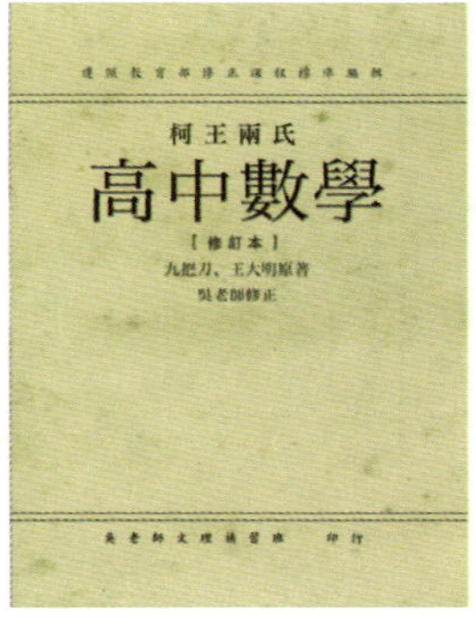

白烂透顶，《上课不要看小说》。
三种超白痴假书封面，随机赠送，首刷限量哦哦～～

约 1139RMB）更是加分。话说好像每次家族旅行我都在写剧本的样子，上次我们全家去巴厘岛度假，我在写《三声有幸》的电影剧本，这一次我则是在修改《那些年，我们一起追的女孩》的剧本，第七稿了，7.2 的版本我自己相当满意啊！女主角也大概确定了（正到镜头也会晕啊），男主角希望这个礼拜能够尘埃落定，我与电影之间战斗才刚刚开始……

开学了，虽然我们有三种白烂封面可以掩护你，BUT！！！上课还是不要看小说啊！！！

讲一点打棒球的趣事好了

2010.02.27

我很喜欢打棒球，但一直打得很烂——这绝对不是谦虚，科科，只不过熟能生巧，自从我迷上棒球打击练习场后，隔三岔五就会去练打，打了将近五年后我终于开窍（尤其最近三个月变得比较密集），开始出现手感这种微妙的东西，对 120 公里跟以下球速的球打得蛮有心得。有了成就感后，常跟我一起去打棒球的该边建议我，不如买根木棒，打起来会爽很多。于是我就花了 2600 块（新台币，约 548RMB），买了生平

唉唉！

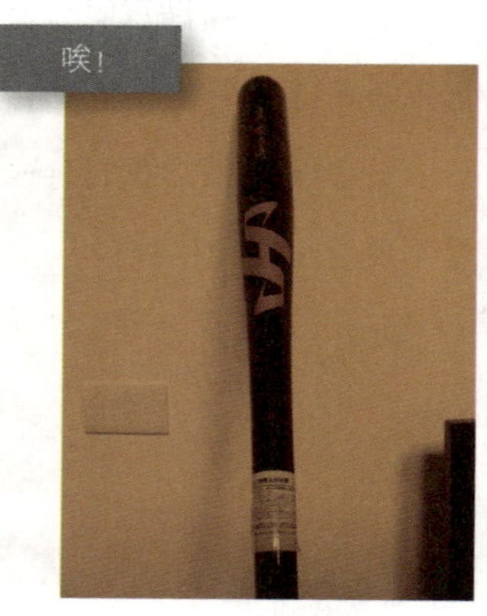
唉！

第一根木棒，靠结果打起来真的超级爽，那种击中球的“抽动感”很有生命力，声音也变得很扎实，心想这2600块钱花得真值得，早该买木棒了唉唉唉我怎么会拖那么久！

我一路从90公里、100公里、110公里、120公里打上去，越是感受越是兴奋，正当我爽得要命时，我科科科地拿着新木棒站上时速130公里的区域，挑战一下，结果打没十球，干我的球棒就断了！

断了！

2600块瞬间就被我打掉了！！！

虽然很度烂，不过击断球棒的那一球打在靠近手的部位（不好的位置，击球点烂），加上我无论如何都硬是要挥出去的力量，就爽朗地断了，好像也是理所当然的坏运气，问题是，才买第一个晚上耶？才打不到两百球，就给我硬生生地打断了，让我满肚子火大——不过这一次我记得立刻就笑了，而且还笑得蛮久了，毕竟第一次买木棒，第一天晚上就断掉，用来嘴炮绝对是一件很爆笑的鸟事。

没木棒，还是想打球，于是我立刻拿起铝棒继续打（尝过木棒的滋味，忽然觉得铝棒的触感很寒酸），打的是时速90公里的慢速球。打没几球，正在我左手边打球（110公里）的该边忽然大叫一声，跪在地上，我觉得有点无聊，毕竟打棒球不小心打出擦棒，球弹在地上或飞到天花板上，再反弹打中身体也是常有（我常被打到后脑勺靠），但痛一下就好了，没必要跪在地上哀号，浪费不断飞过来的其他球不打吧？

“怎么了？”我问，继续打。

“反弹，打到懒叫。”

该边气若游丝地说，一边跪在地上，迟缓转身推开门，爬着离开了打击区。

原来是打到懒叫！

后来该边用屈辱的姿势，惨白着脸爬到柜台，要了一大袋冰块，塞在饱受攻击的该边冰敷。那一天晚上该边一个球都没打了，因为他真的真的非常痛，据受害者该边指称，那一颗擦棒球击中地板后，便直接往上冲，避开防御性不弱的龟头，狠狠地，毫无阻拦地，嚣张冷笑地击中该边的睾丸！！！

这种毫不废话的攻击，每一个男人都承受不住的，我握着价值 0 元的前 2600 元断棒，看着不断冒冷汗死白着一张脸冰敷的该边先生，深深地觉得……我宁愿断棒，也不想睾丸被球打到啊！！！

后来，隔天我又买了一根木棒，这一次我买的很便宜，1600 块（新台币，

跟我哥哥一起看到大联盟的豪华球场，心中就一阵爽啦！

这是我的专属球衣哦，Giddens，9 号！

约 336RMB）的竹棒，比较不容易断，可是手感同样的好，不禁觉得前一天晚上我买贵了。用木棒打球有了个好处，就是我会很认真打，想办法把球击在所谓的“甜蜜点”（木棒的前端），如此球可以飞得又直又远，木棒也比较不会断掉，我的手也比较不会被震伤或扭伤。

这一根竹棒跟我相处了约 2100 球后，于昨天晚上正式断掉了，这一次我觉得……可以接受得多啦！木棒原本就是消耗品，打断是迟早的事。

只不过断了，就等于要花钱重买一根，嗯嗯嗯嗯嗯嗯嗯我想这就是曾经沧海难为水的道理啊……

深夜的一点动力

2010.03.22

最近有点心浮气躁，电影的进度有点卡住（很多来我的公司试镜过的人私下写信问我，目前答案都是不适合），小说的部分也因为筹备电影的关系卡来卡去，无法推进，甚至换了题目。

如果电影如先前所预期在5月开拍多好，此时的我该是非常忙碌地，甚至是慌乱地一连串开会。

改在7月，变数往后一拉，又是变量加上变量。

博客有出现想写点什么，但每次要写都觉得该把时间拿去改剧本于是就略过不写的状态，这么说并不是指我非常认真地做一些很正经的事，NO，很多时候我根本也就浑浑噩噩地放过了自己，一事无成过了一整天，全身充满了虚度的挫折感。

大概只有去棒球打击场打个三百球流个汗可以让我出现“今天还不错”的错觉，可以说目前的我呈现出过去几年都不曾出现过的某种混沌困局，此时的自言自语大概也是出于一种无奈的自我解释。不是说给你们听，而是写出来让自己稍微放松一下吧。

这其实也是一种错觉。时间应该做更好的分配。但我一向不分配的，过去我只是顺其自然地挥霍时间在我喜欢的事情上，所以即使出现偶尔的堕落也当作是英雄的休息，不会很在意甚至我也很需要这样的顿号。

不须用别的名词美化，我现在的状态就是个废。

我绝对不是个好榜样，每次想到有人将我当作是某种精神领袖或是楷模什么的，就觉得不可思议。明明过去在学校的时候我就是在教室后面半蹲的先发。

常常人们会过度解读一件事或对一个人的评价，我喜欢写小说所以就一直写一直写一直写，并不代表我可以因此成为司令台上的表扬名词。我不会假装困惑因为我知道这就是人类社会的某种常态吧。大家对成功的定义跟我显然不大一致。

表面上我过得很有理念但其实我只是照着自己的本性活着。大概是一种巧合但更像是一种牵强附会。有时候我也以为自己很有理念，不过那种快乐的感觉又让我觉得自己过太爽没有煎熬困苦的感觉，所以大概跟理念、理想那种很革命的滋味相差很远，所以不会是吧。

被喜欢当然是好事，但因为这样的一直被很多人过度夸张化优点而喜欢，所以必然招致某些人算是没有来由的讨厌也就可以预期了。可以预期不代表欣然接受，虽然不欣然但总是可以列进接受的范围，立场交换说不定我自己也就是那种无端讨厌别人的人吧。

其实我写这一篇博客本来只是想推荐一下一张老到爆炸的专辑，赵传的《约定》，大概是我高一高二时候的好东西，当时是卡带，我反复听着每一首歌。后来我在网络上买到了二手 CD 版，很开心，于是同样在车上反复地听。这是一张十首歌都可称为经典的好专辑，很多首歌都相当励志，足以振奋精神，每次听都有神效，燃起斗志之类的，真的，想成为“海贼王”的人也可以听一下。

这几天在创作上形同废物的我该是时候拿起它放进音响里燃烧一下，否则大概要等鲁夫醒来我才会跟着醒来吧?

明明这张热血专辑就放在距离我不到三米的地方，但我好像就是够不着，太可怕了这种离奇的惰性。

废物当久了只会一直沉沦下去而已，什么道理我都懂，况且这也不是什么很超级的大道理，但懂了也未必有力气把事情做对，这就是人，人是这样的嘛。

如果跟女孩大吵一架也就算了，废就可以找个理由，心情欠佳之类的暴走，可惜我们最近相处得异常好，好到足以让我想东想西。所以构成废物的理由无法外找，心魔吧，不过我哪来的不快乐啊? 我自己也很怀疑。说到心魔，其实我前几天才去行天宫拜拜的啊，还有收惊耶。

暗暗吃惊自己终于将博客乱写成只有自己才看得懂的模样，那就打住吧。

万一我明天比较不那么废了我想认真对台南女中表示一下敬意，你们实在太酷了。

有朝一日你们邀我去演讲将是我最大的荣幸，我非得收藏到你们誓死捍卫的短裤不可!

这才是我的悟空妹嘛哈哈哈！

睡觉去，明天醒来后希望可以结束我废物般的生活。

努力比较适合我。真的拜托了明天的我自己。

不要为了心爱的人，放弃你心爱的梦想

2010.04.05

前天接受学生访问，第一题就问我：“请问成为作家后，什么事最令你困扰？”

我苦苦思索，竟然没办法作答，最后鬼扯一通：“没写东西就没钱赚，收入不固定。”但我的内心世界其实觉得这也还好。说真的我觉得自己没有什么好抱怨的，完全就是很满意我充满创作力的人生，一辈子持续不断写作下去是我的梦想。

那么我们开始了。

有一个很畸形的问题从我小学被问到现在：“如果你妈妈跟女朋友一起掉进水里，只能选一个的话，你要救哪一个？”后来这问题在漫画《猎人》第一集拿去当作猎人考试的初阶选择题，酷拉皮卡认为沉默不答才是正解，而小杰认真思考后则说他无法决定……可见这个问题有多烂。

跟大家一样，我很喜欢看电影，也很喜欢看漫画。

跟大家稍微不一样的是，我也很喜欢打棒球，此外也很喜欢写小说。

若被问到："这辈子只能选择看电影或看漫画，你要选哪一个？"我会很烦，因为看电影实在是无与伦比的享受，但要我为了看电影，放弃看《海贼王》后面的五百回至结局、放弃看《猎人》后面的……（请问还会有一百回吗？）结局（真的会有结局吗？），我又舍不得。

最后我只好选择打你。

要是这一题："这辈子只能从写小说跟看电影里选一件事做，你要选哪一个？"这一题说真的比较好选，因为不写小说我就没收入，没收入就万万不能，更别提去看电影。

所以我会选"写小说"，但还是会打你。

至于"打棒球"跟"写小说"两者择一，我会选写小说，理由同上。

不过还是要打你——因为我打棒球打出心得了，以前我都会说虽然我很喜欢打棒球但打得很烂，可我没事就跑去打三百球的结果，即便是肢障也该熟能生巧了，我最近已经练到打 130 公里的球打得得心应手，虽然打"魔王"王建民是没办法，但应付曹锦辉、张志家跟许文雄应该绰绰有余了。

用幽默感回答问题是一回事，可仔细思考问题后，却会发现我根本不想做这样的"喜好交换"或"仅能择一"的选择。背后还有很严肃的自我反省。

若把问题改成："爱情与写小说之间仅能择一，要选哪一个？"我该怎么办?

这个问题其实很鸡巴，因为它根本就是个道德问题。

要是我选择了写小说，我岂不是变成那种为了自己的利益牺牲家庭牺牲幸福不懂人生意义盲目追寻最后只落得一场空的自私鬼?

但要我选择爱情，选择跟心爱的人共度一生，代价是从此不能写作，我真的愿意吗?

回答问题的时候，也许我可以假惺惺地说:“我愿意，因为你值得。”让我的爱人开心，让提问的人觉得我是个很 Nice 的人，但我真的是这样想的吗?

前一阵子，我一边开车，一边跟女孩聊到这个问题（幸好不是她开口问我）。

我老实地说:“我会选写小说。”

女孩倒是不意外:“嗯啊，为什么?”

由于我思考了很久，于是我慢条斯理地说:“我很爱你，但就因为我爱你，所以我不想为你牺牲掉我很喜欢的东西。如果从今以后我都不写小说了，我一定不可能快乐的;我不快乐，就没有办法给你快乐……你干吗跟一个不能给你快乐的人在一起?”

这是我的肺腑之言。

我在高中时看过性能力很强的苦苓写的一篇文章，里面提到温莎公爵的例子，让我印象深刻。不爱江山爱美人的温莎公爵，为了迎娶离过两次婚的辛普森夫人跟王室闹翻，结果温莎公爵干脆放弃王位继承权，还是要跟她结婚。苦苓说，他们的合照总是愁眉苦脸、没有笑过，大概不是什么幸福的婚姻。可以想见他们夫妻吵架的时候，温莎公爵怒吼：“为了你我都可以抛弃王位了，你还在挑剔什么？”

苦苓这例子举得真好。

也许温莎公爵真的会吼出来，也许是在阴暗的内心世界吼出来，也许平常不会发作但有一本日记里全都用歇斯底里的笔迹写着一万句的“吵屁啊！看看我为你牺牲这么多，你又为我牺牲了什么！”。

“牺牲太多东西而成就的爱情”，要幸福，真的好困难。

我是令狐冲性格的人，我是真的可以不要王位，换取一段珍贵的爱情。问题是不爱当国王的我很爱写小说啊，创作对我来说就像是老二，我绝对不想为了爱情割舍我的老二——本末倒置嘛！

（学校老师：九先生，请注意你的举例！）

（九先生：报告老师，我实在举不出更贴切的例子啊！）

我跟女孩说，不能写小说的我，在抱抱你亲亲你的时候，一定会偷偷想……你看你看，都是我牺牲掉我珍贵的宝藏，我们才能在一起，所以你一定要更爱我才行。或许是我不够成熟吧，但我对爱情的牺牲奉献的确会让我变得得理不饶人的强势，十之八九我会使用很多命令句去取代问句。这种强势的心理对长久的关系一点也不好，很畸形。

不要牺牲太多，还是可以成就爱情的。

如果爱情因此变得比较不协调，那也没办法，或者更深刻地说，爱情的不协调与不完美本来就是一种常态。我相信不要牺牲太多的爱情，比较健康、比较平等。甚至比较有爱。

我更相信，女孩非常喜欢那一个热爱写作、总是眉飞色舞向她透露小说灵感与最新展的我，当我手舞足蹈说：“是不是！一定会很好看的！”大概就是我最帅的时候吧。

所以结论是，我都要。

我要继续写小说，也要继续爱你。

你说，这是作弊，不能这样选，因为人生没有全拿的……

……这样啊？那我还是打你好了！

说到牺牲就完全停不了，我继续讲下去好了。

我想，一定有很多人终其一生都在做类似的“牺牲”选择题，越是牺牲，就越是觉得自己伟大。

但有趣的一点是，有时牺牲的底层意义不是奉献，而是“借口”。

“家庭”其实是一个很棒的借口，是一个生产“不能做到某件事的种种理由”的重要工厂。某种程度我们该感谢家庭作为借口的存在，因为我们的能力有限。

偶尔当“臭小子！为了每天接你放学回家，我牺牲掉跟同事一起加班的打拼时间，所以才不能升课长！”这样的句型脱口而出时，我们还会得意扬扬自己伟大的情操，然而事实的真相很可能是我们的能力不足以升课长，哈哈！

甜蜜的一家人。

还有很多很多关于借口的例子。

但不能否认，父母的牺牲主要还是为了换取孩子更好的成长。

为了存钱买钢琴给女儿，你牺牲掉梦寐以求的北极之旅。（曾经有一大块的冰山摆在北极，你却没有好好珍惜，等到地球暖化冰山都融掉了你才后悔莫及。如果再有一次机会，你会？）

为了缴才艺班的补习费，每个月你少看了三次院线电影又少上了两次餐厅。（如果你要缴三间才艺班的补习费，每个月你就少看九次院线少吃六次餐厅。）

为了不让小孩读书分心，你放弃将家里的书柜塞满你曾经发誓以后有钱就要买的十几套漫画，说好的全套 POP 海贼王公仔你也爽快地放弃不收集了。

为了不让小孩太早学会关于人体的种种知识，你含着眼泪申请了中华电信的色情守门员……

为了爱，父母付出，父母牺牲。赴汤蹈火。

父母总是爱说，他们心甘情愿。

可是当牺牲换不来等值的回报，父母的度烂就如滔滔江水，一发不可收拾。他们责怪你不懂得珍惜，他们绝对会讲当年他们的父母对他们有多严格、可是他们今天却怎么宽容对你、以前他们都要半工半读、现在你只要专心好好念书就好为什么这样也做不好的冗长故事给你听，你也绝对会背。

牺牲是一种爱的表现，但也是一种深层的压力。

为了给《猎命师传奇》取材，特地跑到美国圣地亚哥参观航空母舰！

顶！战斗机也顶！

孩子不见得想要你牺牲，因为他不想背负、不想承受你的牺牲。

家庭生活嘛，当然不可能都不牺牲，父母一定付出很多很多，也绝对为了家庭“折让”了很多自己当初的梦想，想做的不能做，想玩的不能玩。

伟大是伟大啦，但我想小孩也很喜欢超会过自己生活的那种父母。

例子一：

“妈，这两个月我可不可以要多一点的零用钱？”孩子打开冰箱倒牛奶。

“为什么？”你一边炒菜。

“因为我想买 wii。我们同学家都有 wii，就我们家没有。”

“不行，这个月妈妈想买一件新衣服，妈妈看很久了。”

例子二：

“爸！如果我月考考进全校十名内，我可不可以养一只波斯猫？！”孩子举手。

“不行，猫跟狗不合，而且猫很可能会被狗吃掉。”你翻着漫画，抬头。

“我们家又没有养狗？而且狗又不会吃猫。”

“快了，爸爸正在存钱买一只西藏獒犬，养獒犬是爸爸小时候的梦想！”

省掉冠冕堂皇的应对，以上的对话也很酷哦哦，我想小孩也会觉得很酷吧。

不知道我将来会不会是我正在描述的这种爸爸，但我已经相当确实地把我的书柜塞满了漫画与公仔，DVD 跟 CD 也塞了一整个柜子，还养着一条超可爱的胖胖拉布拉多，当然，我也没用什么见鬼了的色情守门员……

还不到需要牺牲任何东西的关键时刻，我先把“当小孩子的份”过个过瘾吧，哈哈！

我今天晚上很丢脸

2010.04.13

我最喜欢看电影约会了，今天晚上我叫女孩早一点点下班，我要开车带她去信义威秀看《特攻联盟》的特映，打从三个月前看到预告我就很期待了。

7 点开映，我约 5 点 40 分接到她，想必绰绰有余。

抱着异常浓烈的心情，我们冲到了电影院，照例快速吃掉花月岚浓浓的拉面（好吃好吃～～～），买了一桶热量超高但管你去死的爆米花跟可乐，于 6 点 55 分轻松抵达 11 厅，厅门口有电影公司的工作人员正在帮参加特映的观众确认身份跟给票，我一如往常地走过去，说："嗨嗨！我九把刀！"

工作人员跟我寒暄几句后便给了我两张票……

女孩跟我坐定后，电影上映前当然要看一下预告啦，预告是一部日本动画，看了约一分钟后，我感觉不是很对……因为这不大像是预告的节奏，女孩也觉得怪怪的，低声问我："把比，你是不是记错了？今天不是要看《特攻联盟》？"

我愣了一下，很大一下，我对行事历的掌握能力一向很低，忘东忘西是正常的，不过今天要看《特攻联盟》我可是出门前才又看了一下计算机，且晓茹姐上次也提醒过我今天要看《特攻联盟》啊……

对了对了，我今天中午还被电影公司的人打电话叫起床，确认我今天是不是有要参加特映，我昏昏沉沉说有还道谢，明明就记得有这么一回事啊！

而且，这是 11 厅没错，哪有可能看错？

……

不过这很明显不是《特攻联盟》，这是？

我拿出刚刚拿到的票根，整个傻眼……这是日本动画片《新子与千年魔法》啊！

我陷入了短暂的意识弥留，如果是平常的我，十之八九会直接把它给看完，反正看起来很好看，我又天生爱看电影，不过今天要看《特攻联盟》是跟女孩讲好的，怎么办？如果 11 厅是正确答案，会不会根本不是在信义威秀，而是在日新威秀？“我们要不要出去？”女孩。

“好。”我当机立断。

于是我们快速从里面摸出来，赶紧问电影院的工读生《特攻联盟》的特映到底在哪一厅，结果——

原来是在另外一边大楼的 11 厅！（在三楼）

吼！

谁来告诉我为什么信义威秀有两个 11 厅！

千钧一发之际我们赶到了正确的厅，匆匆坐好看电影，幸好只错过了我早就知道在演什么了的片头（预告有），而电影非常非常好看！

只是我觉得很糗，超丢脸的，明明我就没有报名要看《新子与千年魔法》的特映，却一副科科科的样子走到工作人员面前，说我是九把刀我要看电影就这么无赖地走进去看了……跩个屁啊我！><~

我简直是大白痴啊～～～

真的真的我觉得很对不起，浪费了两张珍贵的电影票，唉，我发誓我会自己买票去看的干我是白痴。

话说，第一，《特攻联盟》真的超好看的，热血的地方很热血，好笑的地方非常限制级（没有逃避，很棒！），最后女孩跟我都看的哭了，爸爸跟女儿之间特殊的默契与疯狂的共同点，实在是要命的温馨，昨晚我们正好看了《驯龙高手》，我觉得很可能是我今年最喜欢的电影，《特攻联盟》应该可以当。

第二，（《驯龙高手》非常棒啊，我也是看到哭哭，看完回家后我还一直抱着柯鲁咪说爱你爱你……）女孩则是相反，不过也是第一与第二的差别罢了，连续两天约会都看了非常棒的电影，运气未免太好，哈哈。

接下来我还想看的是《一页台北》跟《混混天团》，希望这两部我们自己人拍的电影都能大放异彩啊！

干我真的是太白痴了！
真想对我自己施展过肩摔！！

2010.05.20

今天为了沽名钓誉爱慕虚荣，要跟弯弯进行在《联合报》全版的对谈（最近我们两个人很黏，简直就是接近外遇的那种黏），于是向半梦半醒的女孩请假开车上台北（全台湾开脊椎最厉害的神刀，就在台中大里仁爱医院啦，不要再问我为什么千里迢迢要跑去台中了）。对谈后是下午4点多，精神还不错，我想说，既然都打算隔天再回台中照顾女孩了（今天晚上还有事情需要台北的网络支持），不如开车到信义威秀看电影《血世纪》，看看洋鬼子是怎么建构吸血鬼帝国的（是的是的，我有记得我要写《猎命师传奇17》……谢谢，谢谢！谢谢！）。

用手机查了一下时间是6点，那我应该还可以一边吃晚餐一边写一个小时的小说吧？（脑中开始思索应该在影城周边哪一间店边吃边写，基本上去掉二楼美食区免得那个那个。）打定主意，就开车过去，一路上心情特好，要看电影了总是超爽，加上最近小说的进度不错有种自我褒赏的FU。

虽然人工买可以打折（我有花旗白金卡啦，我知道大家都有），但在信义威秀为了避免排队我都直接在一楼的机器直接刷卡买，很有效率，一个人看电影时更可避免不必要的尴尬（问：“请问几张票？”答：“干，一张啦！”）

所以我这次也是用机器。

结果啊……我发现有两部电影我也想看，分别是港片《岁月神偷》，跟我的绯闻女友主演的《第三十六个故事》，毕竟我马上就要拍电影了，我就想说，那就看看别人是怎么把一个时代拍出来的吧，就选了 6 ：20 的《岁月神偷》看（挣扎很久，但《岁月神偷》据说相当好看，唉，怎么特映没请我去看呢哭！）。

BUT……

人生最莫名其妙的字眼，就是这个 BUT 啊！

BUT 就在我愉快地在春水堂边吃边写小说后，奇妙的命运又让我给撞上了……

我来到传说中的信义威秀第一厅，位置很空，我随便选了个边边孤单老人等级的位置坐下，还没品地脱鞋盘坐，本来想拿出 NB 继续写小说的，但人陆陆续续进来，我就不大想这么做免得节外生枝，拿出手机乱看噗浪。我不禁要抱怨，等的时间未免有点久……

接着，无聊的行政倡导短片上了。

然后，精彩的电影预告也上了。

然后呢……

然后我看到非常有气势的片头片商介绍画面，心想，嗯嗯，不愧是香港来的大片，有气势哦哦！

再来，我看见了同样不寻常的画面……

啊？

什么街？

啊？

阴风？

啊？

路边的……咖啡店？

等等！！这咖啡店我看过啊！

我记忆力超强的，这间咖啡店就是——

是佛莱迪的《梦杀》啊！

干干干干干干——干啊！

为什么我会看到《梦杀》啊！

明明我就是来看超温馨、超感人说不定看了会哭的《岁月神偷》啊！

我怎么会看到一堆血喷过来又喷过去的啊！！！

我不禁想到这件事……

我今天晚上很丢脸。

但，我不可能走错厅啊？

明明就是一厅，走廊最尽头左转而已，我哪可能走错啊！

又，我看了一下手表，什么……6 ：40 了？

如果我真的走错了厅，现在冲去看《岁月神偷》，岂不是错过了片头很多精彩的部分？

与其这样，还不如将错就错，看一下《梦杀》好了？

万般无奈下，我只好一个人把《梦杀》给看完。

还 OK 啦！我本来就是恐怖片的迷，但……唉，与预期想象的不一样总是看得很干啊，而且明明是限制级的《梦杀》，一颗奶子都没有露，岂不是相当不合理吗？！

无言……

散场后，灯光亮了，我拿出票一看……

好吧，原来我果然没走错厅，而是我进化得更白痴了！

《岁月神偷》是明天才开始上映，所以我买到的是明天的票啊，哦哦哦哦哦哦哦哦哦哦哦哦哦哦哦哦哦哦～～

可是我明天晚上就要在彰化师大演讲啦（19 ：00，题目是：爱情副作用），唉哀哀哀哀哀哀……

看样子是只好改天再去看了。

最后想说一件事，前天我去经纪公司时，赖雅妍正好也在。当我一边讲电话一边检查要送电影辅导金的文件，雅妍要离开的时候凑过来，

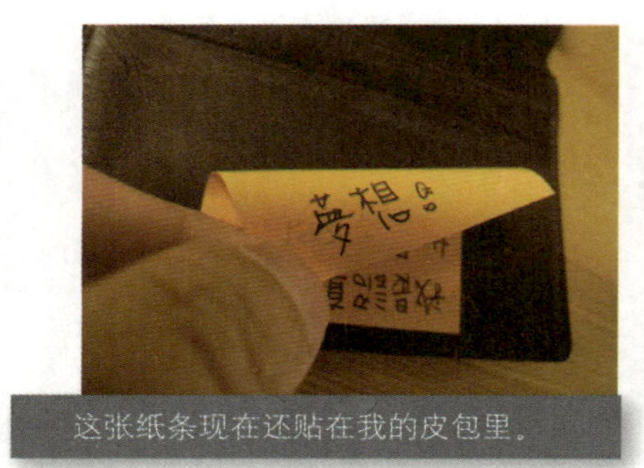

这张纸条现在还贴在我的皮包里。

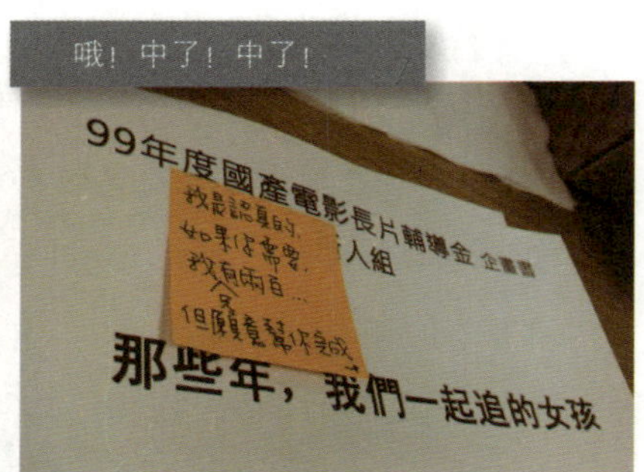

哦！中了！中了！

在文件上贴了这张纸条……吼！害我整个感到奶头都尖起来。你们说，雅妍是不是超级可爱的呢？！

虽然雅妍可爱又有气质，不过艺人的钱赚得也很辛苦，我舍不得。

如果有企业或者厂商愿意赞助电影或进行结盟行销的话，我们会很高兴，请与我的经纪人晓茹姐联系。

我们的电影幕前幕后都很热血，一定很好看，跟我们合作不会丢脸！

爱死你了。

我的梦想不是电影，是电影给了我梦想

2010.05.06

一、

我得话说从头。

电影与我之间的关系，我已在《三声有幸，电影创作书》中写了很多。

这本书蛮神奇的，很可能是近一年半来我收到的读者回信最多的一本书，明明就不是在写小说，而是在写我怎么会开始拍起电影，可来信的人告诉我，我追逐梦想的样子让他们很羡慕，另一方面也让他们产生了某些勇气。

妙的是，也有一些读者告诉我，原本他们以为一个小说家半路跑去拍电影是很堕落、很迷失自我的事，抱着看我如何自吹自擂的心态租了《三声有幸，电影创作书》回去，看完了才发现我“始终还是原来那一个九把刀”，特地写信给我简单的鼓励。

说不定啦，这是我写过的最接近励志类的书也说不定（虽然目的不是）。

嗯，其实我现在要说的事可能跟你们想的不大一样。

—— 很美的记忆。

很早以前，十年前吧，在写完《异梦》的时候我就知道某一天我一定会成为电影编剧，某一天我的小说一定会被改编成电影，某一天我的小说会成为许多电影制片与导演取材的母故事数据库。但我真的没想到会有当导演的一天。

一切都是许多际遇与机会的撞击下产生的“幸运”。

归根结底地说，不是因为我有当导演的才能，而是因为你们喜欢我。

你们喜欢我，让很多“机会”自己找上门来，让我有体验人生的多重的“可能性”。包括与竹炭水的代言、五月天的合作、作品被改编成漫画、被改编成在线游戏、更多的小说被电影公司买走版权、四处演讲、到国外参加各大华文书展——站在取材的角度上我得感谢这些可能性丰富了我的视野，很多体验与感触也慢慢渗透到了我的作品里。

上次导演了三十五厘米的电影短片《三声有幸》后，想必是成果不错吧，大约有三家电影公司与我接洽，希望能开始电影长片的合作。

干我吓了一跳，我这么虚荣的人，爽当然是爽啦，可电影“导演”一直不在我的梦想清单里，所以我无法矫情地说，这是一场实践梦想的战斗。

这些电影公司都找我当导演，个个都说资金不缺。

资金不缺耶……有没有那么幸福啊？

常常听到有些台湾电影导演为了一圆梦想抵押房子、到处借钱也要拍电影，别说选角挑卡司碰壁，光卡在筹措资金的阶段就非常艰困的热

有点虚荣哈哈!

血事迹。

但是我，一个毛毛躁躁的新手导演（不敢说是新锐导演谢谢），要拍人生中第一部电影长片就不缺资金，会不会幸运得太离奇了点？

最后我当然是留在突然愿意出资让我拍电影的经纪公司里，跟柴姐合作。

我想柴姐绝对想过有一天会跟我合作电影，但绝对没有想过这一天来到的时候，我会是用导演的身份在跟她对话。

某种意义上我很感谢有其他的电影公司先找我当导演，他们的赏识增加了柴姐对我的信心。

但也不全然是好事。

我当导演，对很多人来说一定是很刺眼的画面。

不是相关科系出身，也没有当过场记、没有当过副导、没有侧拍过、没有碰过摄影机、没有自行剪接过任何影片、没上过表演课，甚至没有待过拍摄现场看拍片，充其量就是写过剧本跟卖过电影版权，如此而已。像我这样半路杀出的小咖只要说“拍电影是我的梦想”，不必等别人吐，我自己听了都恶心。

没有充满汗水与泪水的过程，直接来到喊“Action！”的位置。

我可以想见很多人是不看好的，这些不看好的原因恐怕都不是盲目的批评，毕竟我在导演《三声有幸》之前完全没有实绩，没有足够的参数。

也必然有很多的不看好是充满了度烂，我也理解。角色互换恐怕我也是冷眼旁观的那一种人，觉得抄快捷方式想特权的人就是鸡巴，失败只是刚刚好啦，失败才能证明：“导演不是随便就可以当的！”

所以我一直不断地提醒自己，拍电影长片是一场壮观的游戏，开心了你就走，在人生经验上多一笔精彩的记录。

但切记：这不是你的梦想，不要深陷其中。

很多访问过我的人都会有印象我这一段话吧：“我当导演不是因为我很厉害，而是因为我很幸运。不过我没有办法靠很幸运拍出一部好电影，所以我会非常努力。”

后来我才知道，仅仅是努力还不够的。

二、

我要拍，《那些年，我们一起追的女孩》。

（注：干不要再谣传我要自己导演《杀手，欧阳盆栽》了，若我想过这种可能性一秒我的鸡鸡明天就自行溶解成一摊睾丸水。）

我写了五十六本书，为什么长片初体验是改编这一部小说，而不是其他？

表面上最大的原因是我的小说种类怪异的很多，动作场景的也很多，战斗的画面也很多，干这些我都不晓得怎么处理啦！不会拍啦！

认真说起来的原因是，我拥有一个非常强悍、非常感人的《那些年，我们一起追的女孩》电影版本结局，这个电影版本的故事是我对青春的最佳诠释，我相信我可以做到，也能做得非常漂亮。

当然，个人的情感因素也很重要……有爱，才有战斗力啊！

要拍这本小说，第一个面临到的问题是“市场”。

我得非常认真地说，在台湾，要拍出一部“有票房市场的商业电影”是一件很有勇气的事，绝对是挑战，所以不要用“啊？原来是商业片哦！”如此嗤之以鼻的语气看待。

怎么说呢？

一个问题先：一部拍摄成本5000万（新台币，约1053万元RMB）的台湾电影，票房要卖到多少钱才能回收？

你花钱买票看电影，“至少”会有一半的票钱属于电影院的，剩下的一半或四成才是电影公司与其合伙股东去分。

所以5000万（新台币，约1053万元RMB）实际拍摄费用，再加上至少1000万的营销费用，算6000万。票房得至少卖到1.2亿才能回收。如果是用3000万的实质成本，就得至少卖到6000万才能勉强回本。以此类推，不难计算。

不过让我们翻开过去一年来“纯种台湾电影”的票房历史纪录：

《不能没有你》，台北票房 493 万，台湾算 1000 万好了。

《听说》，台北票房 1456 万，台湾算 3000 万好了（以成本来说大赚）。

《爱到底》，台北票房 462 万，台湾算 900 万好了。

《绝命派对》，台北票房 317 万，台湾算 650 万好了。

《艋舺》，台北票房 1.163 亿，台湾算 2.2 亿好了（超级大赚）。

《混混天团》，台北票房 88 万，台湾算 200 万好了。

《猎艳》，台北票房 123 万，台湾算 250 万好了。

《一页台北》，台北票房 1303 万，台湾算 2600 万好了（应该蛮赚的）。

《靠岸》，台北票房 67 万，台湾算 100 万好了（成本号称 1.2 亿）。

以上还是我用印象下去搜寻的，肯定还有十部以上我完全没印象无从查起。

平心而论，纯种台湾电影的票房要破 1000 万实在不容易。

所以拍台湾电影要怎么获利？

（不想获利只想拍出来自爽的……干不好意思请暂时别跟我说话。）

最能确保拍台湾电影赚钱的“暗黑赚钱法”我就不在博客上提了，反正我不可能用（或者说我没资格用），也不想因此得罪人。倒是我在实践大学的课堂上详细地说了一遍给学生听科科。

另一种确保拍台湾电影获利的方法，就是降低成本。

如果我们预估票房只有 1000 万的话，就只能花 400 万去拍。不然会赔钱。

乐观一点估计票房可以 2000 万的话，就只能花 800 万去拍。不然会赔钱。

若估计票房有 5000 万的话，就能试试看用 2000 万下去拍。多花就赔钱。

以上还是对电影公司的态度乐观的估计法，基本上用越少的钱去拍，就越不会赔钱，所以要是估计票房可以达到 5000 万，但这部电影若能用 1000 万拍好，电影公司就不会花 2000 万去制作。

当你无法说服投资方你的电影可以票房破亿，资金就无法筹足 5000 万。

但感觉到了吗？

以上的逻辑全都是“怎么拍电影可以不赔钱”的成本控制法，而不是站在“怎么拍才能让电影好看，好看到可以突破票房困局”。

所以有很多的台湾电影一开始是在设定“票房应该不会超过多少多少”的冷静评估下，先浓缩拍摄成本以免惨赔，然后在少量的成本下试图执行出最好的成果……

简单来说，用五洲制药的语言翻译如下：“先讲求不伤身体，再讲究效果。”用慈济大爱的语言翻译：“先～求～有～再～求～好～”

在商言商，这是对的。

以流行的正面思考，在极度受限的资金环境中拍出好作品，真是一场好战斗！

所以我很喜欢《听说》跟《一页台北》，精密又确实，小而美，执行得真好。（《一页台北》真好看，选角选得天衣无缝啊！）

但，里面我最喜欢《艋舺》。

因为它展现了《海角七号》后最雄壮的企图心。

精诚中学的学弟妹们。

一种万一没有成功，大家就一起把肾脏抵押给地下银行的雄壮企图心!

（在这里我要向魏德圣导演致敬，干你烧这么多个亿下去拍《赛德克·巴莱》，你真的很屌，我五体投地帮你祈祷票房会超级大成功，一鼓作气把那几个亿乘以两倍拿回来！）

三、

回到我自己的电影。

《那些年，我们一起追的女孩》初步估计的成本是……2600万。

若加上当初没有计算进去的以及执行起来意外暴增的成本，算3000万。

加上不想花也可以但下场必然很凄惨的广告营销费用，算3500万。

……

……

……

请问要怎么回收?

在成本不降的条件下，除非票房攻破7000万，否则没有回收的可能。

请问票房攻破7000万的可能性有多少?

即使我催眠自己相信，但我要怎么说服出钱的柴姐跟其他的投资方，这个曾经发生在《海角七号》跟《艋舺》身上的奇迹，只要电影好好拍，我们的《那些年，我们一起追的女孩》也可能“被发生到”？

要不，理性一点，就是寄望每年都以惊人能量茁壮的大陆市场。

只要大陆市场进得去，我敢保证成本就可以用3500万豪爽地拍。

问题是，《那些年，我们一起追的女孩》非常可能没有办法进大陆。

要解决这个困境，简单，我改剧本就可以。将中学的故事背景拔掉，换成大学生谈恋爱就行了，如此一来电影不仅有机会在大陆上映，资金也会很充沛。

问题是，啊，我不要啊。

中学生谈恋爱的禁忌特质，那种穿着制服嬉闹、晚上留校读书、上课偷传纸条的氛围是大学校园里绝对无法比拟的——纯真。青春的欢愉、灼热的反抗，都只在最单纯的中学校园里。

现实就是现实，为了符合某些规范而更动故事是很正常的事。

不过这次不行。

我不想为了这个原因更动我的故事。

《那些年，我们一起追的女孩》就是要发生在中学，剧本里有3/5的场景都发生在我热爱的彰化，发生在故事主人翁就读的精诚中学，这是我的坚持。

沈佳宜拿着原子笔用力戳在柯景腾的背上，那个画面，百分之百就是得穿着中学制服的感觉才能实现出我心中的感动，无法妥协的。

于是很遗憾，大陆的电影市场暂时就无力思考了。

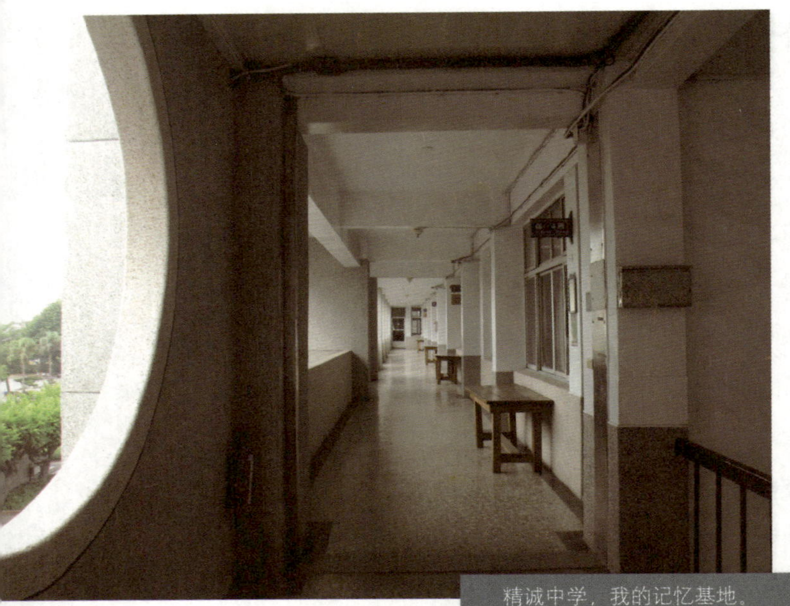

精诚中学，我的记忆基地。

此外，硬要符合原著描述、符合我对青春的记忆，一定得出动大队人马在彰化拍摄，这也是成本降不下来的重大原因之首。

目前为止在彰化拍摄电影并没有办法像在台北或高雄或苗栗一样，可以申请资金补助，真心祈祷未来几个月的法规发展会有奇迹出现。

除了彰化，电影里还有台北与新竹两大场景（新竹是我的母校交大，哦哦哦哦哦），三个地方轮流拍摄，都是成本膨胀的因素。

坦白说，把剧本通通改成故事发生在台北，干就省超多住宿费跟交通费的啦（听说跟《一页台北》跟《艋舺》通通集中在台北战斗，有效率多了）！而台北“文化局”最近也超会协助电影拍摄的，我要便宜行事岂不简单……

但一样，这次不行。

我第一次导演电影长片。

拜托，让我用爱，让我用爱……

四、

我的后台很硬，就柴姐嘛哈哈，而愿意跟柴姐并肩作战的投资方也很硬，基本上资金用嘴巴讲的就有 2000 万到位。我能不整天笑呵呵地说我真是一个幸运的家伙吗？

资金有了，我的剧本时时刻刻持续在修改，耗费的时间远超过我写一本书、两本书、三本书。天知道我多久没出新书了。

后来拍摄日期因故（干！不想说！）从 4 月延到 5 月，又从 5 月延到 7 月。

现在表定是 7 月中下旬开镜，我不会让它再延宕下去了。

我反复修改剧本的同一时间，选角如火如荼地展开。

选角基本上是两种形式，一种是大量请自愿报名的素人来公司拍自我介绍的带子（我想在看我的博客的读者里也有不少人做过这件事）。

另一种就是我们主动邀请演员来公司“试戏”，也就是我将修改中的剧本抽出几段让这些人演演看，而柴姐、我以及雷孟跟廖明毅一起评审。

选角这件事我无法畅所欲言，因为其中有很多尴尬，牵涉到很多有来面试但最后没有获选的演员的心情。但是，真的，我必须说我很感激你们愿意给我这么一个新导演认识你们的机会，谢谢你们来，那几天很热情地展现你们的专业。

我在我目前能够透露的些微信息下，继续说拍电影这件事，往后“真相大白”时我可以说的东西自然无限宽广，也想让大家旁观这一切。

《那些年，我们一起追的女孩》的第二大问题，是没有超级大明星。

有超级大明星演出我导演的电影，我当然很欢迎也很开心，但我面试与试镜的最后结果，组成了一支我很满意的“柯腾、沈佳宜（改名了，避免我的老朋友太困扰）、该边、勃起、阿和、老曹、弯弯（对，就是那个很弯的弯弯）”，但这些人里面并没有那种写在报纸影剧版上会让人“哇！原来是他演啊！”的超级大明星。

你们一定猜是资金问题所以请不起超级大明星吧。

错。

只要超级大明星进剧组，资金就会自然而然增加，这不会是问题。

有很大的原因，是很多超级大明星的年龄都……有点超过高中生的外表了，勉强演，还是很有新闻点可以炒，不过总是怪怪的。好吧是非常怪。

更大的重点是，我已经对我所选出来的演员队伍产生了基本的爱，我觉得很好，想信赖我所选出来的男女主角能演好我想要的感觉。

我当然也有迷信。

可我不迷信大明星，我迷信的是剧本。

不过我不迷信，不代表投资方跟我一样不迷信，也不代表潜在的电影版权购买商不迷信，也不代表将来的电影院通路不迷信。

我不怪他们，干角色互换的话是我也觉得不安心，目前整部电影最"出

柯鲁咪看起来很好吃！

嗨！2005 年的我……那时候你还瘦到可以当众露奶头，真羡慕……

名”的部分竟然是“导演居然是作家九把刀”以及“第二女主角是插画家弯弯”，其他信息是一团伸手不见五指的迷雾，能见度奇低。

老是爱乱讲大话的九把刀鬼扯说剧本崩溃性的好看，谁信？就算剧本好看，台湾电影要卖还是得靠奇迹与炒作，请问没有大明星怎么炒作？所以就一心一意等待奇迹？

某次试戏后的幕后讨论，我异常郑重地按着桌子说：“柴姐，现在我要讲出来的话，都不会反悔，不可能反悔，我说出口了就会算数。”

“你说啊。”柴姐总是含意很深地看着我。

“柴姐，我也要丢钱下去。”

“哦？”

“真的，我说再多我有信心听起来都太假了，如果我真的有信心，不就该用实际的行动证明吗？如果我自己也投资下去，电影惨赔的时候我也会痛到……”

“什么惨赔！不会赔！”柴姐大笑打断我的话，“我们要正面思考！”

“对，不会赔，所以就当我贪心，所以我不只要当导演，还要当股东！这部电影成功的时候也会有我的份，我不想也不会错过。所以我要用我们选出来的这些演员，只要剧本好，大家拍得好，没有大明星电影一样会卖座！”

那天的会议非常愉快地结束，后来还有一场郑重其事的试拍。

炒作没有“点”，“奇迹”却抢在开镜前就发生了。

不过这个奇迹的样子看起来有点怪怪的。

就在上个礼拜，很微妙的时间点，原本很稳当的资金足足蒸发了1000万。

各位不需要问理由。

大家也不用往稀奇古怪的地方猜——对男子汉来说，资金跑了就是跑了。

跑了，不见了。眼看是不会突然改变心意回来了。

资金伤口之深震撼了我。

也震撼了共同出资的柴姐。

如我的电影成本评估是1亿，资方跑了1000万也还好。

但是，成本在3000万到3500万之间的电影，在我们目前看似筹措好了2000万的情况下流失了1000万，这是雷霆万钧的大失血。

电影喊卡，无限期延宕的噩梦终于发生了……

五、

在公开演讲里我常说：“真正厉害的幸运，当它一开始发生在你面前的时候，往往是张牙舞爪、穷凶恶极的。但本质却是非常非常幸运。”

所以，资金缺口多达1000万如此猖狂的噩耗，竟是意味着……

我只让这个噩梦持续了几分钟，就作出了重大的决定。

我出门时，柯鲁咪就负责防守基地。

可要跟柴姐开会的时间还有四天，这中间颇为折磨，我只能先请导演组放下手边的工作，等待四天后柴姐跟我的双人会议结果。

那四天我常常躺在客厅地板上，摸着柯鲁咪的肚子胡思乱想。

……真想拍出来啊，那些画面，那些对白。观众没有哭就算是我输了。

四天后，一个铛铛铛的下午。

当然有些会议内容不能公开，但总是有话可以浓缩出来讲的。

“一样，这几年有很多人总是说他们很佩服我，却什么也没真的合作到，就只是拍拍我的肩膀而已。”这是我的心里话，“所以我很谢谢柴姐你不只嘴巴说很重视我，还真的拿钱出来投资我拍电影。”

“……”柴姐平静地看着我。

“现在我说我很重视这部电影，我也说我很有信心，我不是拍好玩、拍开心、有拍过电影就爽了的心态。我很认真。所以只有一种办法可以表现出我对这部电影的重视，那就是我完全成为股东，我出更多的资金。”

“你可以出多少？”

“柴姐出多少，我就出多少。”

“你的上限到哪里？”

“没有上限，你一半，我一半。我们一起把电影扛起来。”

“！”

“我买过车，也买了房子。”我的声音肯定在颤抖，“但从今以后我终于可以说，我买过最贵的东西，是梦想。”

就这样，两人奋力将充满未知数的电影扛了起来。

会议迅猛绝伦地结束。

电影终于用掏空了我所有存款的霸道方式，成为了我的梦想。

真的，货真价实的，只能前进不能后退的，奋力追逐梦想的感觉。

这是奇妙的滋味。

我知道有很多导演明明就超级有钱，但整天就是跑金主，跑投资跑赞助，就是不肯拿自己的钱出来拍电影，口口声声说是梦想，却硬是想拿别人的钱实现自己的梦想，还一副很有理想的模样。真有信心，真那么想实践热情，就去 ATM 啊！

但也有很多导演，另一种面貌的导演，我有幸认识其中一个。

那导演正领着上千人马屯在北横荒山野岭，炙热地与他多年的梦想周旋着。

十一年前刚刚写下《恐惧炸弹》的我一定不会想到，十一年后的我会当电影导演。

不过我真正想要对话的，是这五年来让小说终于开始畅销的我。

五年来的那个我，辛辛苦苦存下来的版税与各种授权费用，绝对是拿来当作一个作家不红、不畅销、不再被市场接受了的时候，所谓的养老金，作家这种职业的收入之虚无缥缈，可以存下这笔养老金实在是……太奢侈了。

五年后的我，很有效率地找到一个最快乐的方式帮你瞬间花掉。

……虽然我跟你都还有好几百万的房贷没付清，科科科。

对不起，但也真的超感谢我自己的。

“人生中发生的每一件事，都有它的意义。”

我彻底明白了自己这句座右铭的含义，每一笔存下来的钱都有意义。

也很开心，非常开心，我果然没变，依旧非常非常幼稚。

一直是那一个嚷着“人生就是不停的战斗”的臭屁小子。

我不是飞蛾扑火地燃烧自己的积蓄，觉得很壮烈、很爽，没，我没有有钱到出现那种高级的幻觉。而是真正相信只要拍得好看，票房市场就会给我应有的回报。我发自内心相信《那些年，我们一起追的女孩》会非常好看。

天亮了，我得去睡了。睡之前还得带柯鲁咪去散步，不然我睡到一半它会跳上床咬我的手，逼我带它去尿尿。暂时就写到这里吧。

最后我想说，既然我都豁尽一切进入一片名为电影的伟大航道，抢夺“海贼王”的称号，那么，在等待我新小说出炉的大家，也就勉为其难等待我完成这次的大冒险吧。

“人生没有全拿的。”

以上这句话，将永远不再是我的格言！

上架建议：青春·励志

ISBN 978-7-5113-3360-5

9 787511 333605 >

定价：35.00元